Chache Caozuo yu Weihu Jishu

叉车操作与维护技术

黎　鹰　谢　明　编著
邹　敏　主审

人民交通出版社股份有限公司
China Communications Press Co.,Ltd.

内 容 提 要

本书详尽介绍了叉车的基本知识、操作规范、使用与日常维护和检修技术等内容，主要包括：认识叉车、叉车结构与工作原理、叉车驾驶和操作技术、叉车安全作业、叉车维护和叉车故障检修。并结合工作实践，设置了明确的能力目标、知识目标、案例导入及任务等板块，并配备实践训练项目。

本书可作为中等职业学校、高等职业院校相关专业教学参考用书，或叉车操作培训机构的培训资料，也可作为物流叉车操作、业务管理等技术人员的参考用书。本书适应现代物流的发展需要，满足广大叉车驾驶及维修技术人员的培训需求。

图书在版编目(CIP)数据

叉车操作与维护技术/黎鹰，谢明编著. —北京：人民交通出版社股份有限公司，2015.9（2025.1重印）

ISBN 978-7-114-12453-2

Ⅰ.①叉… Ⅱ.①黎… ②谢… Ⅲ.①叉车—操作—教材 ②叉车—维修—教材 Ⅳ.①TH242

中国版本图书馆 CIP 数据核字(2015)第 196984 号

书　　名：叉车操作与维护技术
著 作 者：黎　鹰　谢　明
责任编辑：郭　跃
出版发行：人民交通出版社股份有限公司
地　　址：(100011)北京市朝阳区安定门外外馆斜街 3 号
网　　址：http://www.ccpcl.com.cn
销售电话：(010)85285911
总 经 销：人民交通出版社股份有限公司发行部
经　　销：各地新华书店
印　　刷：北京虎彩文化传播有限公司
开　　本：787×1092　1/16
印　　张：10.75
字　　数：250 千
版　　次：2015 年 9 月　第 1 版
印　　次：2025 年 1 月　第 3 次印刷
书　　号：ISBN 978-7-114-12453-2
定　　价：25.00 元

随着现代物流业和物流技术的发展,叉车在物流储运中的重要性日益突出。市场上叉车类型、功能越来越多,叉车市场日益扩大,社会对叉车操作及叉车维护人员的需求与日俱增,技术性人才已经成为我国经济发展中非常重要的一环。叉车驾驶与操作必须经过专业的培训和考核。为了适应现代物流的发展需要,满足广大叉车驾驶及维修技术人员的培训需求,故组织教学经验丰富、操作技能熟练的职业技术院校教师,以及具有多年现场实践经验的物流职业技术人员和企业管理人员,共同编写了《叉车操作与维护技术》一书。

叉车驾驶与操作培训有以下三个特点。第一,理论知识是必需的,而且安全意识是驾驶人员必备的;第二,以人才市场需求为目标,以培养实际操作能力为核心;第三,实践教学在教学计划中占据较大比重,完全实现人才培养和上岗就业零距离。结合本书开发目的,编写成员调研了叉车销售和运用市场,就叉车的基本种类、结构特点、功能作用、常用品牌、操作规范、培训考证、技能标准、安全使用、日常维护及检修保养等方面进行了归纳和整理,重点针对物流企业管理人员和一线技术操作人员对叉车操作技能的职业标准、如何提升物流运作效率和降低物流成本等内容进行了分析和探索。

本书由浅入深地介绍了叉车的基本知识、操作规范、使用与日常维护、检修技术等内容。全书共分六个项目。项目一介绍了叉车的基础知识;项目二讲解了叉车的基本结构与工作原理;项目三重点阐述了叉车驾驶作业与安全操作技术;项目四对叉车安全作业注意事项进行介绍和分析;项目五介绍叉车的维护技术;项目六针对叉车常见故障检修进行讲解。各项目设置了明确的能力目标、知识目标、案例导入及任务等板块,并配备实践训练项目,以方便教学和培训,有助于学员自主学习和训练。本书可作为中高等职业院校物流相关专业教学参考用书,或叉车操作培训机构的培训资料,也可作为物流叉车操作、业务管理等技术人员的参考用书。

本书由湖南交通职业技术学院教师共同编写而成。黎鹰、谢明编著，邹敏任主审，负责全书大纲的编写和审定工作。参与编写的人员还有欧阳娟、耿军霞、杨光华。各项目编写分工如下：项目一、项目三、项目四由黎鹰编写，项目二由欧阳娟编写，项目五由耿军霞编写，项目六由谢明编写。黎鹰、欧阳娟负责全书统稿，杨光华负责资料收集与汇总。

本书在编写过程中，得到了湖南交通职业技术学院孔七一、陈曙红教授及物流管理专业老师的大力支持和指导，以及相关物流企业的大力支持和帮助，并有多名企业技术能手和专家参与了本书的研讨、编写工作，在此表示衷心的感谢。同时，本书参考了2014年湖南省教育厅课题：物联网在现代物流领域中的推广应用研究（课题编号：13C268）、2013年湖南省交通运输厅项目：湖南道路甩挂运输运作模式与技术创新（项目编号：201333）两个课题项目研究成果，以及大量相关的培训资料和已出版的书籍，在此表示诚挚的敬意和由衷的感谢。由于作者水平有限，书中难免有疏漏和不足之处，恳请广大师生及读者批评指正。

编　者

2015年6月

项目一 认识叉车

知识目标

1. 了解叉车的用途；
2. 掌握叉车的类型；
3. 熟悉叉车技术参数。

能力目标

1. 能区分不同类型叉车的功能、特点及适用场合；
2. 能辨识叉车型号所示的叉车额定起重量、传动方式、动力源等技术参数；
3. 能灵活运用叉车相关知识，在生产实践中制订叉车选购方案，或根据实际情况选用合适种类的叉车进行装卸作业。

案例导入

小王是一家新成立快递公司的仓管员。随着公司业务范围不断扩大，物流量不断增加，单纯靠人力搬运货物已经远远满足不了公司发展的需要。快递公司为提高企业工作效率与降低人力资源成本，决定购置一批叉车，并将叉车采购任务交给了小王。

叉车在企业的物流系统中扮演着非常重要的角色，是物料搬运设备中的主力军。特别是随着中国经济建设的快速发展，大部分企业的物料搬运已经脱离了原始的人工搬运，取而代之的是以叉车为主的机械化搬运。小王深知，公司要想在快速发展的物流行业占据一席之地，配备叉车以提高物流服务效率是必需的。

通过对叉车市场的实地考察，小王进一步了解到，在过去的几年中，中国叉车市场的需求量每年都以两位数的速度增长。但是目前市场上可供选择的叉车品牌众多、车型多样，加之产品技术性强，在车型的选择、供应商的选择等方面，一时难以抉择。

任务：请你帮助小王选购适合其公司业务发展所需要的叉车。

任务一 叉车的发展与种类

一、叉车的概念

工业叉车是一种能把水平运输和垂直升降有效结合的装卸机械。车体前方配有升降装置、车体尾部装有平衡重块，能对成件托盘货物进行装卸、堆垛和短距离运输作业的各种轮式搬运车辆，简称叉车。国际标准化组织 ISO/TC110 称之为工业车辆，属于物料搬运机械。

叉车具有搬运、装卸、起重等综合功能，在企业的物流系统中扮演着非常重要的角色，是物料搬运设备中的主力军。其具有工作效率高、操作方便、机动灵活等优点。叉车广泛应用于厂矿、仓库、车站、港口、机场、货场、流通中心和配送中心等场所，并可进入船舱、车厢和集装箱内，对成件、包装件以及托盘、集装箱等集装件进行装卸、堆码、拆垛、短途搬运等作业，是机械化装卸、堆垛和托盘运输、集装箱运输必不可少的高效设备。叉车已成为当前社会活动及物质工作不可缺少的物流工具。随着现代物流业和物流技术的发展，叉车在物流储运中的重要性日益突出。

二、叉车的发展

(一)中国叉车产业市场的发展变化

现代的物料搬运机械开始于19世纪。19世纪30年代前后，出现了蒸汽机驱动的起重机械和输送机；19世纪末期，由于内燃机的应用，物料搬运机械获得迅速发展；1917年，出现了既能起升又能搬运的叉车；第二次世界大战期间，叉车得到发展；20世纪70年代出现的计算机控制物料搬运机械系统，使物料搬运进入高度自动化作业阶段。

我国叉车生产始于20世纪50年代，改革开放后得到迅速发展。通过引进国外先进的叉车制造技术和吸引国外知名厂商到我国投资办厂，缩小了我国叉车制造水平与国际水平的差距，满足了国内市场的需求，并开始走向国际市场。2000年以来，我国叉车市场年增长率均保持在30%左右。目前我国工业车辆市场需求占据全球叉车市场需求四分之一以上，是全球第一大工业车辆消费国和最大的工业车辆生产和制造基地。

一般来说叉车销量的增长与两大因素有关：一、上一年度的物流业固定资产投资增速；二、全社会物流总额增速。以交通运输、仓储和邮政的固定资产投资完成额增速为例，叉车销量增速落后约一年时间。还有一个新的显著变化是，随着中国电子商务市场年交易规模的逐年上涨，电商业纷纷转投建仓，工程机械在线等一大批电商前辈，也都在仓储上花费巨额投资。

在叉车产品中，电动叉车受到节能环保等需求拉动，市场占比有了显著提高，2012年达到27.7%，较上年增加1.2%，较2005年增加7.2%。中国电动叉车的发展前景良好，一是因为中国电动叉车占比偏低，欧洲约为75%，美国接近60%；二是中国已经掌握先进的电动叉车技术。

叉车等现代物流发展必需的搬运装备在国内仍有较大需求空间。国内叉车市场发展迹象表明，内燃叉车黄金销售的十年已经结束，电动类叉车的白金销售时代已经来临。而两大类别叉车的维护需求已随其使用周期悄然渐入高峰阶段。技术性人才已经成为我国经济发展中非常重要的一环。由于大多数叉车客户没有专业的维护团队和叉车车队管理经验，由此产生的一系列问题不容忽视。叉车驾驶与操作必须经过专业的培训和考核。市场上叉车类型、功能越来越多，叉车市场日益扩大，随着全国叉车保有量的继续攀升，社会对叉车操作及维护人员的需求与日俱增。

(二)中国叉车产业结构的发展趋势

我国叉车行业发展历史短，但发展迅速。我国叉车产业自20世纪50年代末起步，到70年代才初具规模。国内整车制造商目前大概有100多家，活跃在行业内大概有60多家，集中度依然较高。从区域格局上看，目前中国具有叉车制造优势的省份是：安徽、江苏、福建、上海、山东、浙江、辽宁等地，主要集中在长江三角洲、华北、东北等具有制造业优势的沿海区域。从销售量上看，具有技术优势和较大市场占有率的骨干企业主要有：安徽合力叉车、杭州叉车、上海龙工叉车、广西柳工叉车等公司。国外品牌叉车企业（合资或独资企业）达到20余家，林德、永恒力、OM、丰田、现代等跨国叉车巨头已经纷纷落户中国叉车市场。

目前国内叉车市场主要由燃气、蓄电池、仓储叉车等三大类构成。在我国粗放型模式发展时期，由于内燃机叉车对环保要求较低、作业环境较恶劣以及运行成本低等因素，在较长时间内占有80%的比重。经济转型后，我国内燃机叉车产量呈现负增长态势，电动叉车产量从2007年起呈现高速发展趋势。在2010年出现了井喷，达到30.25万台，创造了新的纪录。

随着国内用户健康环保意识的增强，国家节能减排政策实施力度的加大，以及医药、食品等众多对车辆环保性能要求更高的行业中叉车普及率的进一步提高，内燃机叉车的黄金发展期已经结束，电动叉车的黄金发展期已经来临。

（三）叉车产业发展的新趋势

长期以来，我国叉车发展虽然比较快，但是制造高科技叉车的制造商非常少，部分中外合资叉车制造商或者国外知名叉车制造商已经占据我国高端叉车市场，其高端主要体现在智能化、信息化、自动化等方面。拥有技术优势、资金优势和管理效率优势等核心竞争力的全球叉车制造商还有：日本丰田、德国凯傲、德国永恒力、美国纳科、日本三菱、芬兰卡尔玛、美国科朗、日本小松、法国曼尼通，这些企业也在逐步深入中国高端叉车市场。

在三大叉车细分市场，由于价格高、性能优等因素，各大跨国高端产品生产商在面对国内市场时也开始往中低端市场拓展。但由于技术含量等因素的直接影响，国内本土的叉车企业产品主要集中在中低端市场，向着多品种方向发展。并且依靠自主开发与研制的生产能力，基本能够满足国内市场的不同需求，占据了市场近60%的份额。

经过几十年的高速发展，我国叉车制造方面由于材料、工艺等不过关，在高起升仓储电动类叉车技术方面尚有欠缺。特别是在电控方面，我国技术非常薄弱，虽然可以购买国外的电控技术，但是因为它属于电动类叉车发展的核心技术之一，掌握它有助于提升叉车制造商的核心竞争力，所以加强我国电控技术方面的发展是非常重要的。其次在低起升仓储叉车方面，我国已经涌现出一大批技术过硬的叉车制造商，如合力、诺力、杭叉、牛力等，在8m以下低起升仓储叉车方面做得非常不错，部分企业的低起升叉车已经实现了出口。在液压搬运车、液压堆高车方面，我国已经具备给国际知名叉车制造商做贴牌的能力，这个也充分说明我国叉车业在这方面技术已经过关。

2013年～2014年我国叉车出口方面仍然继续以发展中国家为主要目标，国内的中低端叉车产品适合发展中国家的国情，销量比较好。从出口国家来看，我国叉车出口正从欧美发达国家向发展中国家转移，如巴西、土耳其、非洲等国家已经成为我国叉车主要出口市场。

国内叉车行业逐渐由粗放型发展转向专业化经营。行业产业链将日臻完善，这个包含从原材料供给、叉车设计制造、叉车销售、叉车回收这一个链条合作加强的同时，叉车维护、叉车租赁服务、二手叉车租赁服务、二手叉车买卖市场这些附加产业链也将取得一定的发展。

电动叉车行业的独、合资企业均能在中国市场站稳脚跟，主要原因是电动叉车使用范围极其广泛,用户层次多样,而且很多使用场合对排放、噪声要求高,因此进口及独合资产品能够在一定领域、范围内得到市场拓展。另外,叉车产品本身价格较低、高低档次产品价格差异不大,高端用户对价格及价格差异均易于接受,我国叉车制造商大多占据中低端叉车市场。目前,内外资企业在中端叉车市场的竞争比较激烈,诸如手动叉车、小型电动搬运车、小型电动堆高车市场可能会趋于白热化竞争,市场价格更加透明。在激烈的市场竞争下,行业整合开始频繁出现,叉车制造商并购、收购现象将会明显增多。

随着技术水平和用户需求的不断提高,当前叉车产业的发展日新月异。产品系列化进一步完善,产品逐步实现机电一体化、智能化,达到高效、节能、环保的要求。产品外观轿车化,其安全性、舒适性得到较大改善。叉车的制造水平进一步提高,CNC技术、新材料、新工艺的广泛应用大大提高了产品质量、寿命和可靠性,零部件的标准化、通用化程度的提高大大简化了产品的维修。一批具有时代特征的叉车应运而生,如静压叉车、燃气叉车、集装箱叉车,以及为提高叉车的舒适性减小振动和噪声生产的悬浮式叉车等。此外,组合仪表和预警监控系统、横置油缸转向系统、高效节能发动机、新结构高性能的液压元件得到广泛的应用。

总而言之,叉车的技术水平在不断地创新以满足用户的不同需求,具体表现为五个方面。

(1)系列化、精细化:提高叉车的操作可靠性,降低故障率,提高叉车的实际使用寿命。

(2)安全性、舒适性:通过对人体工程学的研究,使各种操纵手柄、转向盘和司机座位更合理,使司机视野宽广,操纵舒适,不易疲劳。

(3)节能化、环保化:采用低噪声、低废气污染、低油耗的发动机,或采取消声和废气净化措施以减少对环境的污染。

(4)专业化、多品种:发展新品种,研制变形叉车和各种新型属具,扩大叉车使用范围。

(5)电子化、智能化:研制无人驾驶叉车以适应装卸、搬运机械化和自动化的要求。

三、叉车的用途

叉车的需求量和整个工业实体经济的发展紧密相关。近年来,因为中国经济的持续稳定发展,物流、仓储业、制造业、航空业等重要叉车应用领域得以快速发展,极大地刺激了中国叉车市场需求。以汽车为代表的机械制造业一直是叉车行业重要的传统下游客户,占其保有量的17%;以食品、烟草、造纸、电子等为主的轻工业也是叉车业重要的需求源,约占其需求量的16%。物流服务业近年来增长迅速,主要是需要电动和仓库叉车,已经占到行业需求量的22%。

大部分企业的物料搬运已经脱离了原始的人工搬运,取而代之的是以叉车为主的机械化搬运,叉车运输已经成为场内运输的主要形式之一。叉车设有工作装置,它具有自行升降和前后倾斜等动作,能完成品种多、规格杂、外形不一、包装各异的成件包装物资和集装物资的装卸、搬运和拆码垛作业。3t以下的叉车还可在船舱、火车车厢和集装箱内作业。将货叉换装各种器具(叉车属具)后,可将其改装后适用于特殊货物的搬运作业,有利于提高作业效率,对国民经济发展起着重要作用。

叉车的作用具体可归纳为以下几条。

(1)机械化程度高。在使用各种自动的取物装置或在货叉与货板配合使用的情况下,可以实现装卸工作的完全机械化,劳动强度大大降低,作业效率大大提高,经济效益十分显著。实践证明,只要能科学合理地运用好叉车,一台叉车一般能代替 8 ~ 15 个装卸工人的体力劳动;发一个 60 吨位的车皮,如果不用叉车,一般需用 40 ~ 50 名装卸工人,约 1.5 ~ 2h 完成任务。如果使用叉车,再配合其他一些搬运工具,只需 10 人,1h 左右就能完成。

(2)有效地缩短了装卸、搬运、堆码的作业时间,从而加快了运输工具的周转频率。叉车外形尺寸小、重量轻、机动灵活性好,能在作业区域任意调动,适应货物数量及货流方向的改变。

(3)可以"一机多用"。在配备与使用各种工作属具如货叉、铲斗、臂架、串杆、货夹、抓取器、倾翻叉等以后,可以适应各种形状和大小货物的装卸作业,扩大对特殊物料的装卸范围,并提高其装卸效率。可机动地与其他起重运输机械配合工作,提高机械的使用率。

(4)能提高仓库容积的利用率,堆码高度一般可达 3 ~ 5m。

(5)有利于开展托盘成组运输和集装箱运输,使货物包装简化,能降低装卸成本,节约包装费用。

(6)提高作业的安全程度,实现文明装卸。叉车作业解除纯手工作业,从而减少了货物的破损和人员的伤亡事故。

(7)与大型起重机械比较,叉车的成本低、投资少,能获得较好的经济效果。在各种运输方式中应优先选用叉车进行装卸作业。

叉车的使用给企业带来效益的同时,随之而来的是大量令人头疼的叉车安全事故。加强场内叉车运输的安全管理,对司机进行专业的叉车机械知识、驾驶技能和安全教育培训,已经越来越受到国内物流企业的重视。

四、叉车的类型及特点

目前市场上可供选择的叉车品牌众多、车型复杂,加之产品本身技术强并且非常专业,因此可按不同分类标准进行分类。例如:按照叉车的使用环境,通常可分为室内用与室外用叉车两类。室外用叉车通常为大吨位内燃叉车,如用于码头上的搬运作业或者集装箱转运站作业的叉车;室内用叉车一般为电动叉车。通常按叉车动力方式、货叉结构等标准进行分类。

(一)按动力方式分类

叉车按其动力装置不同,可分为内燃叉车、电动叉车、仓储叉车三大类。

1. 内燃叉车

内燃叉车采用汽油机、柴油机、液化石油气或天然气发动机为动力,具有载重功率大、运动速度快、装卸效率高、使用寿命长、对路面适应能力强、爬坡能力强、能进行多种作业等优点。内燃叉车作业通道宽度一般为 3.5 ~ 5.0m。考虑到尾气排放和噪声问题,通常在室外、车间或其他对尾气排放和噪声没有特殊要求的场所使用。由于燃料补充方便,因此可实现长时间的连续作业,而且能在恶劣的环境下(如雨天)工作。其中由于瓶装液化石油气的普及,使叉车的燃料补充工作简化,有助于节省维护和运行费用;此外气体燃料燃烧干净、结渣少、润滑油消耗小、延长了叉车寿命,但成本较高。

内燃叉车按使用场合和操作对象不同又分为普通内燃叉车、重型叉车、集装箱叉车和侧面叉车。普通内燃叉车承载能力 1.2 ~ 8.0t,是企业常用车型;重型叉车承载能力 10.0 ~ 52.0t,

一般用于货物较重的码头、钢铁等行业的户外作业；集装箱叉车承载能力 8.0～45.0t，一般分为空箱堆高机、重箱堆高机和集装箱正面吊，应用于集装箱搬运，如集装箱堆场或港口码头作业；侧面叉车承载能力 3.0～6.0t，在不转弯的情况下，具有直接从侧面叉取货物的能力，主要用来叉取长条形的货物，如木条、钢筋等。

2. 电动叉车

电动叉车是采用电动机为动力，蓄电池或交流电为能源的平衡重式叉车，具有结构简单、维修方便、操作容易、运动平稳、节约能源、污染少、噪声小等优点。电动叉车作业通道宽度一般为 3.5～5.0m。广泛应用于对环境要求较高的工况，如医药、食品等行业。每个电池一般在工作约 8h 后需要充电，因此对于多班制的工况需要配备备用电池。电动叉车又分三轮电动叉车和四轮电动叉车，缺点是对电控系统的检修比较复杂，需要充电房和充电设备，对路面要求高。由于蓄电池容量的限制，其驱动功率和起重量都较小，爬坡能力较差。

3. 仓储叉车

主要是为仓库内货物搬运而设计的叉车。除了少数仓储叉车（如手动托盘叉车）是人力驱动以外，其他都是以电动机驱动的。在多班作业时，电机驱动的仓储叉车需要有备用电池。

手动叉车采用人力驱动，因其车体紧凑、移动灵活、自重轻和易操作、回转半径小、价格低、环保性能好等优点而在仓储业得到普遍应用。专为在通道窄小的仓库、车间内部装卸搬运货物而设计，是针对短距轻小物品的一种方便而经济的搬运工具。但额定载重受限制，搬运距离不宜过远，搬运高度可根据叉车起重架的设计较人力抬升能力有所改善。

电动仓储叉车承载能力 1.0～3.0t，作业通道宽度一般为 2.3～2.8m，搬运叉车提升高度一般在 2.1m 左右；堆垛叉车在结构上比搬运叉车多了门架，货叉提升高度一般在 4.8m 内，主要用于仓库内的水平搬运及堆垛、装卸。一般有步行式和站驾式两种操作方式，可根据效率要求选择。

三种不同动力源叉车的综合比较见表 1-1。

不同动力源叉车综合比较 表 1-1

项目	种类		
	电动叉车	柴油叉车	汽油叉车
起动性能	好	差	较好
原动机功率、转矩	一般	大	较大
爬坡能力、牵引力	小	大	较大
整车寿命（蓄电池、内燃机除外）	大	较大	较大
蓄电池或内燃机寿命	较大	大	一般
噪声、振动	好	差	较好
空气污染	无	较轻	重
用于通风不良的室内作业或必须保持空气洁净的地方	好	不能用	绝不能用
一般室内作业	优	差	良
室外作业	不适用	优	优
维修与维护费	低	较低	高

(二)按货叉结构分类

1. 直叉平衡重式叉车

直叉平衡重式叉车(图 1-1),简称为平衡重式叉车。平衡重式叉车的货叉位于驾驶室正前方,伸出前轮中心线外。多数为前轮驱动,为了平衡货物重量产生的倾覆力矩,在车体尾部装有平衡重,以自身重量来平衡货物的重量,保证叉车的稳定。作业时依靠叉车前后移动进行叉卸货物。

该型叉车由于适应性强,是叉车中最普通的构造类型,已成为叉车中应用最广的一种,占叉车总数的 80% 以上。货叉直接从前进方向叉取货物,因此对容器没有任何要求。该型叉车使用橡胶轮胎或充气轮胎,具有很强的爬坡能力与地面适应能力。货物重心位于叉车行走轮支承面以外,由于没有支撑臂,需要较长的轴距与较大的配重来平衡载荷,所以无论是电动叉车还是内燃驱动叉车,其车身尺寸均较大,需要较大的作业空间。

平衡重式叉车普遍用于室外装卸、搬运作业。电动平衡重式叉车可分为三轮与四轮、前轮驱动与后轮驱动等形式。转向与驱动都是后轮的称为后轮驱动,其优点是成本较低,相对前轮驱动来说较容易定位;缺点是当在光滑的地面及斜坡地面上行走时,驱动轮可能出现打滑现象。三轮平衡重式叉车与四轮平衡重式叉车相比,转弯半径小,机动灵活,最适用于集装箱内部掏箱作业(图 1-2)。

图 1-1 直叉平衡重式叉车

图 1-2 集装箱内部掏箱作业

内燃叉车根据传动方式不同,主要有液力机械传动型与静压传动型。液力机械传动为比较传统的传动方式,成本较低,但变矩器传递效率低,能耗大,后期维护费用高。静压传动是目前内燃叉车最理想、最先进的传动方式,主要特点是起步柔和、无级变速、换向迅速、维修简单、可靠性高。在室外短距离频繁往返搬运作业时,采用静压传动型内燃叉车其效率可得到明显提高。

2. 插腿式叉车

插腿式叉车,又称为托盘式叉车。两条臂状的支腿伸向前方,支腿前端装有小直径的车轮,后轮为驱动轮,作业时货叉连同支腿一起插入货物底部,然后再起升货物。货物位于车轮的支承面内,整车稳定性好,特别适于在通道窄小的场地或仓库内部进行装卸、搬动和码垛作业。该型叉车可分为手动和电动两种,电动插腿式叉车又可分为步行式、站驾式和坐驾式三种(图 1-3)。

手动托盘车与电动托盘车都是用于平面点到点运搬的工具。小巧灵活的体型使手动托盘车几乎适用于任何场合,但由于是人工操作,当搬运2t以上的物品时会比较吃力,所以通常用于15m左右的短距离频繁作业,尤其是装卸货区域。在未来的物流各环节中,手动托盘车也将承担各个运输环节之间的衔接任务,在每一辆载货汽车上都配备一辆手动托盘车,将使得装卸作业更加快捷方便,并不受场地限制。当平面运搬距离在30m左右时,步行式的电动托盘车无疑是最佳选择。其行驶速度通过手柄上的无级变速开关控制,跟随操作人员步行速度的快慢,在降低人员疲劳度的同时,保证了操作的安全性。如主要搬运路线距离在30~70m左右时,可以采用带折叠式踏板的站驾式电动托盘车,最大速度可提高近60%。

a)步行式　　b)站驾式　　c)坐驾式

图1-3　插腿式叉车

3. 前移式叉车

前移式叉车(图1-4),是插腿式叉车的变形,其货叉可在叉车纵向前后移动,装卸货物时货叉前移伸出,便于货叉有足够的伸出长度来存取倍深位置的货物。

图1-4　前移式叉车

前移式叉车分为门架前移式和货叉前移式两种(欧洲设计多为门架前移式,美国设计多为货叉前移式)。前者的货叉与门架一起移动,叉车驶近货垛时,门架可能前伸的距离要受外界空间对门架高度的限制,因此只能对货垛的前排货物进行作业。后者的门架则不动,货叉借助于伸缩机构单独前移。前移式叉车结合了有支撑臂的电动堆垛机(后文详细介绍)与无支撑臂的平衡重式叉车的优点。当取卸货时,门架或货叉伸出至顶端,货载重心落在叉车支点外侧,此时相当于平衡重式叉车;当叉卸货物或带货移动时,门架完全收回后,货载重心落在支点内侧,此时相当于电动堆垛机。这两种性能的结合,使得前移式叉车在保证操作灵活性、高货载性及高稳定性的同时,能最大限度地节省作业空间。

前移式叉车承载能力1.0~2.5t,门架可以整体前移或缩回,缩回时作业通道宽度一般为2.7~3.2m,提升高度最高可达11m左右,常用于仓库内中等高度的堆垛、取货作业。前移式叉车最具效益的操作高度为6~8m,相当于建筑物高度在10m左右。此高度也是目前最常见的卖场、配送中心、物流中心、企业中心仓库的建筑高度。在此高度范围内,操作人员视线较好、定位快捷,效率较高。当操作高度大于8m时,使用前伸式叉车在叉取定位时需慢速仔细,通常可加装高度指示器、高度选择器或者摄像头等辅助装置。

4. 侧面式叉车

侧面式叉车(图1-5)的特点是门架和货叉面向叉车一侧,位于车体中部,不仅可以上下运动,还可前后伸缩,车体侧面还有一个货物平台,可将货叉从侧面伸出来装卸货物。当货叉沿门架上升到大于货物平台的高度后,门架沿着导轨缩回,降下货叉,货物即可自动放置在叉车一侧的前后(货叉两侧)车台上。

叉车行驶时,货物置于车体平台上,整车稳定性好。其作业的主要特点有两个:第一,在出入库作业的过程中,车体进入通道,货叉面向货架或货垛,这样在进行装卸作业时不必再先转弯然后作业,第二,有利于装搬条形、长尺寸物,因为长尺寸物与车体平行,不受通道宽度的限制,且货物重心位于车轮支承面之内,所以叉车行驶时稳定性好,速度高,司机视野比平衡重式(正叉式)叉车好。这些特点使侧面叉车多应用于窄通道作业。

图1-5 侧面式叉车

5. 转叉式叉车(转柱式叉车)

转叉式叉车(转柱式叉车)(图1-6),货叉位于叉车的前方,方便起升货物。当卸下货物时,货叉或起重器的门架连同货物一起旋转90°,使货物在叉车的侧面放下。该型叉车特点是机动灵活,转弯半径小,作业巷道窄,门架可实现正反90°旋转。

图1-6 转叉式叉车(转柱式叉车)

6. 拣选式叉车

拣选式叉车(图1-7)用操作台代替货叉,叉车司机可随工作装置一起沿门架上下运动,拣选货物,主要用于工作人员在库内货架间工作的环境。电动拣选叉车承载能力2.0~2.5t(低位)、1.0~1.2t(中高位,带驾驶室提升)。按照拣选货物的高度,电动拣选叉车可分为低位拣选叉车(2.5m内)和中高位拣选叉车(10m内)。在某些工况下(如超市的配送中心),不需要整托盘出货,而是按照订单拣选多种品种的货物组成一个托盘,此环节称为拣选。

7. 电动堆垛机

电动堆垛机是一种轻型的室内用提升堆垛设备(图1-8)。车身比较轻巧,通过车身前部的支撑臂加长配重的力臂。由于支点在载荷重心的外侧,配重力臂远大于载荷力臂,所以较小的配重即可提升起较大的载荷。电动堆垛机在楼层式仓库或其他空间较小的储存环境中尤为适用。3~4m的背靠背式重型托盘货架为其最常用,也是最能发挥其功效的货架,是小型仓库的首选。

使用电动堆垛机有一定的限制。由于货叉需与支撑臂同时伸入托盘底部才可操作托盘,故双面货板无法使用;同样在使用驶入型货架(通廊式货架)时,出于平衡与承重的考虑,通常将双面货板的一侧作为叉车操作面,此时电动堆垛机亦无法使用。为配合电动堆垛机的货架使用,常常会在底层高出地面约100mm处安装横梁,第一层货板即置于底梁而非地面,以便于电动堆垛机货叉定位。

8. 高架堆垛机及拣料车

通常把高架堆垛机(图1-9)及高位拣料车均称为VNA(Very Narrow Aisle),其主要的特点是货叉可作三向旋转,或直接从两侧叉取货物,且在巷道中无须转弯,因此所需的巷道空间是最小的。如果仓库面积较小,高度较高,而需要很大的储存量及较高的搬运效率时,则无须花费巨大的投资于自动仓库上,高架堆垛机就是最佳的选择。VNA系列叉车又称为系统车,其最大起升高度超过14m。巷道宽度通常为1600mm左右,载质量最大为1.5t。在制药行业、电子电器行业使用普遍。

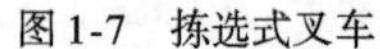

图1-7　拣选式叉车　　图1-8　电动堆垛机　　图1-9　高架堆垛机

高架堆垛机可分为上人式和不上人式两种。驾驶室作为主提升随门架同时上升称为上人式,优点是在任何高度都可保持水平操作视线,和最佳视野提高操作安全性。同时由于叉车司机可以触及货架任何位置的货物,故可同时用于拣货及盘点作业。

为了使高架堆垛机在通道内始终保持直线行驶,有磁导式及机械式引导两种方式。由于磁导式必须在巷道中央切割埋磁导线,容易破坏地坪并且不易搬迁调整,故目前使用最多的是机械式导引。采用机械式导引需与货架配合,在巷道的两侧安装钢轨,通过车身导轮及其他辅助装置导入巷道并沿直线行驶。

任务二 叉车的整体结构

叉车种类繁多,但不论哪种类型的叉车,基本上都包括动力装置、传动装置、转向装置、工作装置、液压装置、制动装置和电气装置等主要组成部分。由于这些主要组成部分的结构和安装位置的差异,形成了不同种类的叉车。其中动力装置、传动装置、转向装置和制动装置等4部分组成叉车的底盘。底盘的作用是支承整个车体,并接受发动机产生的动力,使叉车正常行驶。

平衡重式叉车是叉车的一种最普通形式。现以平衡重式叉车(图1-10)为例,讨论各部分的组成。

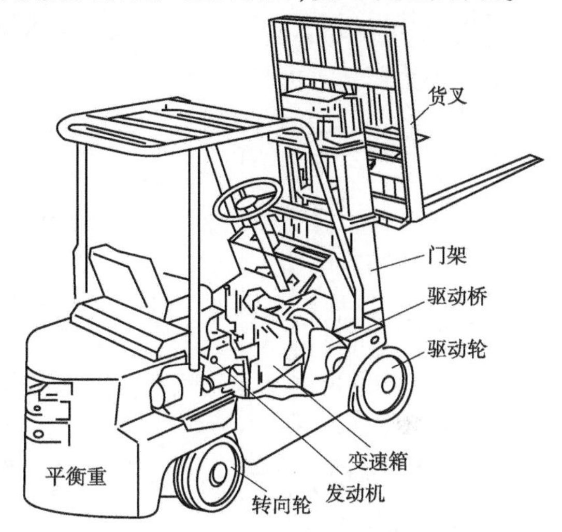

图1-10 平衡重式叉车结构示意图

一、动力装置

动力装置供给叉车运行系统和起重系统所需的动力。它将燃油产生的热能转变为机械能,通过底盘的传动系统和行驶系统驱动叉车行驶,并通过液压系统驱动工作装置,完成装卸货物的任务。动力装置一般装于叉车的后部兼起平衡配重作用。当前具备动力装置的叉车有柴油、汽油、液化石油气和蓄电池四种。对噪声和空气污染要求较严的场合应采用蓄电池电动机为动力;如使用内燃机,应装有消声器和废气净化装置。

二、传动装置

将原动力传递给驱动轮的传动装置有机械、液力和液压3种。机械传动装置是由发动机直接做功传给运行部分和起重部分,组成部分包括摩擦式离合器、齿轮变速器、万向传动装置、主减速器、差速器和驱动桥;液力传动装置是由发动机做功传给液力变矩器,通过液力变矩器变为液能传给运行部分,而起重部分是由发动机直接驱动的,组成部分包括液力变矩器、动力换挡变速器、主传动器、差速器和驱动桥;液压传动装置组成部分包括液压泵、阀和液压马达等。叉车传动装置的共同特点是前进、后退的挡位数和速度大致相同。

三、转向装置

转向装置用以控制叉车的行驶方向,一般由转向器、转向拉杆和转向轮等组成。叉车转向系按转向所需的能源不同,可分为机械转向器和动力转向器两种。1t以下的叉车一般采用机械转向器,1t以上的叉车大多采用动力转向器。前者以司机的体能为转向能源,由转向器、转向传动机构和操纵机构3部分组成;后者是兼用司机的体能和发动机动力的转向装置。在正常情况下,叉车转向所需能量,只有很小一部分由司机提供,大部分是由发动机通过转向加力装置提供。但在转向加力装置失效时,一般还应当能由司机独立承担转向任务。叉车作业时,转向行走多变频繁,为减轻司机操纵负担,内燃叉车多采用动力转向装置。常使用的动力转向装置有整体式动力转向器、半整体式动力转向器和转向加力器3种。

为保证车轮滚动运行并支撑整个叉车,支架、车桥、车轮以及悬架装置等组成行驶系统。叉车的前轮为驱动轮,这是为了增大负载搬运时的前桥轴荷,以提高驱动轮上的附着质量,使地面附着力增加,以确保发动机的驱动力得以充分使用。其后轮为转向轮,转向装置位于司机前方,变速杆等操纵杆件置于司机座位的右侧。

四、工作装置

用以提升货物的结构,是直接承受全部货重,完成货物的叉取、升降、堆垛等工序的工作机构,又称为门架。由内门架、外门架、货叉架、货叉(货叉属具)、挡货架链轮、链条、起升油缸、导程杆和倾斜油缸等组成(图1-11)。

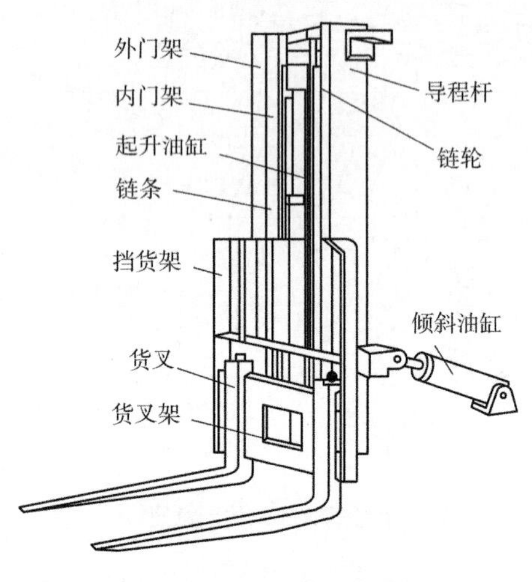

图1-11　门架示意图

外门架下端铰接在车架上,中部与倾斜油缸铰接。由于倾斜油缸的伸缩,门架可前后倾斜(倾斜度一般为6°~12°)。门架前倾是为了装卸货物方便,后倾的目的是当叉车行驶时,使货叉上的货物不至于滑落。内门架带有滚轮,嵌在外门架中,内门架上升时可以部分地伸出外门架。

货叉是直接承载货物的叉形构件,它通过挂钩装在叉架上,两货叉间的距离可以根据作业的需要进行调整,由定位装置锁定。叉架是由钢板焊接而成的结构件,具有滚轮组,嵌在内门架中,可以上下运动。起升油缸的底部固定在外门架下部,油缸的活塞杆沿内门架上的导程杆上下移动。活塞杆的顶部装有链轮,起升链条一端固定在外门架上,另一端绕过链轮与货叉架相连。当活塞杆顶部带着链轮起升时,链条将货叉和货叉架一起提升起来。开始提升时仅货叉起升,直至活塞杆顶到内门架以后才能带动内门架上升,内门架的上升速度为货叉的1/2。货叉起升而内门架不动时货叉所能起升的最大高度叫作自由提升高度。一般自由提升高度为300mm左右。当卸掉油压时,货物或货叉等构件靠自身重力下降。

从设计制造和不同工作条件两方面要求,它有多种结构形式。

1.按起升形式分类

(1)无自由起升式:只要起升货叉,内门架也同时起升,且 $h=2h'$(h 为货叉起升后离地高度,h'为货叉起升前离地高度)。

(2)部分自由起升式:在货叉从地面起升到最大起升高度过程中可以分为三个阶段。第一阶段(自由起升阶段)货叉以液压缸2倍的行程起升,内门架不动,叉车的整车高度不变;第二阶段货叉以液压缸2倍的行程起升,内门架起升和液压缸的行程同步;第三阶段内门架与货叉同步以液压缸2倍的行程起升直到最大起升高度。

(3)全自由起升式:货叉起升分为两个阶段。第一阶段为自由起升,内门架不动,货叉沿其起升直到最上端;第二阶段货叉相对内门架不动,其随内门架一同起升至最大起升高度。这是靠两套液压缸(自由起升液压缸和起升液压缸)实现的。两套液压缸油路是并联的,而自由起升液压缸的工作压力低,故它总是先起后降。

无自由起升工作装置的结构最简单,多用在露天场地起重量比较大的叉车上。10t以上的叉车链轮大多直接固定在内门架顶部,起升油缸一开始就顶举门架,所以不能自由提升。自由起升叉车可进入比它稍高的门洞。出入于库房、车间的6t以下的叉车多用部分自由起升的工作装置。对于在低矮仓房和进入集装箱内进行装拆箱的3t以下的叉车,则必须采用全自由起升的工作装置,克服因为内门架顶到屋顶而造成货叉不能升到规定高度的缺点。

2. 按门架的级数分类

(1)单级门架:只有一个门架,货叉沿其起升,液压缸也短,最大起升高度永远低于叉车高度,结构简单,刚性好,只在起升高度很小的叉车上使用。

(2)两级门架:在单级门架的基础上多加了一个内门架。其起升高度可以高于叉车的高度,是叉车上应用最多的一种形式。

(3)三级门架:在内外门架之间加了一个中门架,形式为三节伸缩机构。它的起升高度与叉车全高相差悬殊,在要求起升高度大或叉车的全高受到限制时采用这种形式,其结构复杂,司机的视野差。

3. 按工作装置对叉车视野的影响分类

(1)普通型:单起升液压缸布置在门架的中央,对司机观察货叉和前方的路面有一定妨碍。

(2)宽视野型:由两个缸径比较小的液压缸布置在门架立柱的后侧,消除了液压缸对视野影响。

单起升液压缸门架是早期出现的形式,由于结构简单、成本低,目前还有少量的叉车保留该形式。双液压缸宽视野门架是20世纪60年代末出现的结构,目前绝大多数叉车均为这种结构,逐渐代替普通门架。

五、液压装置

叉车的液压装置用于控制工作装置和转向装置,是利用工作液体传递能量的传动机构。即通过油液的压力使工作液压缸产生推力,由发动机或电动机带动齿轮泵并通过多路阀控制门架和货叉的升降或倾斜,或通过转向器控制转向轮的转角,但内燃叉车传动装置中的控制油路不包括在内。为货叉升降及门架倾斜提供动力的装置,由油泵、多路换向阀、限速阀、液压缸、高低压油管等组成。

六、制动装置

制动装置是用于叉车减速或停车的装置,由制动器和制动操纵机构组成。按制动能源可分为人力制动、动力制动和伺服制动3种。人力制动以司机体能为制动能源;动力制动完全依靠发动机的动力转化而成的气压或液压形式的势能为制动能源;伺服制动则是前两者的组合。叉车制动装置与汽车的制动装置相似,但其制动器只设置在驱动轮上。

七、电气装置

电气装置主要由电源部分(包括蓄电池、发电机和发电机调节器)和用电部分(包括起动机、汽油机的点火系统、照明装置和信号装置)组成。蓄电池叉车装有串激直流电机;内燃机叉车装有电动起动机;此外,汽油机叉车还有高压电火花点火装置。

任务三　叉车的技术参数和主要性能

一、叉车的技术参数

叉车的技术参数主要说明叉车的结构特征和工作性能。叉车的技术参数包括性能参数、尺寸参数及重量参数。例如,额定起重量、载荷中心距、最大起升高度、自由起升高度、门架倾角、最大起升速度、最大行驶速度、牵引力、最大爬坡度、最小转弯半径、直角堆垛的最小通道宽度、90°交叉通道宽度等。其中属于尺寸参数的有,最小离地间隙、外形尺寸、轴距、前后轮距;属于重量参数的有,自重、桥负荷等。

在上述技术参数中,额定起重量、载荷中心距、最大起升高度、自由起升高度、门架倾角、最大起升速度和最大行驶速度、最大爬坡度、最小转弯半径、最小离地间隙、外形尺寸、轴距、自重等,是叉车主要的技术参数。

1. 额定起重量(载质量)

叉车装运时最大额定载物质量,即指货叉起升货物时,货物重心至货叉垂直段前臂的距离不大于载荷中心距时,允许起升货物的最大重量,以吨(t)表示。额定起重量是叉车承载能力的标志,超载会造成叉车损坏和降低安全使用性能。在作业时,只有当货物的实际重心距在规定的载荷中心距之内时,才允许起升最大起重量的货物。当货叉上的货物重心超出了规定的载荷中心距时,由于叉车纵向稳定性的限制,起重量应相应减少。

2. 载荷中心距

在货叉上放置标准重量的货物时,确保叉车纵向稳定,其货物重心线至货叉垂直段前臂间的水平距离,以毫米(mm)表示。一般情况下叉车的载荷中心为400~600mm。我国的叉车已规定了有关载荷中心距的标准(表1-2)。

叉车载荷中心距标准　　表1-2

起重量(t)	0.5、0.8	1、1.5、2、2.5、3、4	5、8、10
载荷中心距(mm)	400	500	600

在实际作业中,货叉上货物的重心线并无固定不变的位置,它与货物体积、形状有关,还与托盘的尺寸、货物在托盘上的放置情况及在货叉上的位置等多种因素有关。

当货叉上货物的重心线至货叉垂直段前臂的水平距离小于载荷中心距,则起重量仍为额定起重量值;如果货物的实际重心距大于规定的载荷中心距,为保证叉车的纵向稳定性,其起重量应当减少;货物实际重心距超过载荷中心越远,则允许起升的重量越小。

3. 门架倾角

指无载叉车在平坦、坚实的地面上,门架相对其垂直位置向前和向后倾斜的最大角度,用度(°)表示。我国叉车标准对门架倾角的规定为:叉车前倾角为3°~6°,后倾角为10°~12°。

门架前倾角的作用是为了便于叉取和卸下货物,后倾角的作用是当叉车带货运行时,为防止货物从货叉上滑落而设定的。增大门架后倾角,一般对叉车运行时货物和整车的纵向稳定性都有利,但过大的后倾角既受到叉车结构上的限制,也不利于保证叉车的横向稳定性。

4. 最大起升高度

在平坦坚实的地面上,叉车满载、轮胎气压正常、门架垂直,货物升至最高时,货叉水平段的上表面至地面的垂直距离称为叉车的最大起升高度,简称为起升高度,以米(m)表示。

叉车的最大起升高度根据装卸货物的需要而定。如无特殊要求,应符合叉车标准的规定。采用两节门架式的叉车时,我国各吨位叉车的最大起升高度大多为3m。如果要增加叉车最大起升高度,就需增加叉车前部的门架、液压缸和链条的长度或高度,或者采用三节门架和多级油缸。但这不仅使叉车外形尺寸增加、整体质量增加,而且会使叉车的纵向倾翻力矩增大,稳定性降低。因此当增加最大起升高度时,为了保证叉车的稳定性,就应相应地减小叉车的起重量。如起重量为1t的叉车,其经验值为:当最大起升高度增加300mm时,起重量就应下降100kg;当最大起升高度为3.8m时,起重量仅800kg。实际上,增加最大起升高度时还应同时限制门架前倾角,以保证使用叉车的安全性。

5. 最大起升速度

通常指叉车在干燥、平坦、坚实的地面上满载且门架处于垂直位置时,货物起升的最大速度,以米/分(m/min)表示。叉车的最大起升速度通常为11~20m/min。电动叉车由于受蓄电池容量以及电动机功率的限制,其最大起升速度低于起重量相同的内燃叉车。大起重量叉车的最大起升速度比中小吨位的叉车低。目前,国内叉车的最大起升速度已提高到20~25m/min,国外内燃叉车的起升速度已达40m/min。

提高最大起升速度,可以提高作业效率。最大起升速度常与叉车的动力类型、起重量大小以及最大起升高度等因素有关。提高叉车的起升速度是国内外叉车制造业技术改进的共同趋势,主要取决于叉车的液压系统。过大的起升速度会给安全作业带来不利影响,起升速度过限,容易发生货损和机损事故。货物下降速度一般都大于起升速度。

6. 最大运行速度

指在干燥、平坦、坚实的地面上,叉车满载行驶时的最大速度,以千米/小时(km/h)表示。目前已规定了理论上适宜的叉车速度,其中电动叉车为13km/h;内燃叉车为20km/h。对于起重量为1t的内燃叉车,其满载时最高运行速度不低于17km/h。

据统计,叉车作业时运行时间一般约占全部作业时间的2/3,缩短运行时间能大大提高叉车作业生产率。因此,提高运行速度对提高叉车的作业效率有很大帮助。但是叉车主要用于装卸和短途搬运作业,而不是用于货运,其作业特点是运距短、停车和起步的次数多。过分提高叉车的运行速度,不仅会使发动机功率增大、经济性降低,而且受装卸货物场地的限制,难以保证货物安全。所以,在运距为100~200m时,叉车能发挥出最高效率;而运距超过500m时,则不宜采用叉车搬运。

7. 最大爬坡度

指叉车空载或满载时,在干燥、平坦、坚实的地面上,以低挡、等速行驶所能爬越的最大坡度,用度(°)或百分数(%)表示。可分为空载最大爬坡度和满载最大爬坡度。我国叉车标准规定:叉车满载运行时的最爬坡度内燃叉车为20%,电动叉车为5%或10%。

叉车空载行驶时的最大爬坡度通常取决于驱动轮与地面的附着力。满载行驶的最大爬坡度，一般由原动机的最大转矩和低挡的总传动比决定，最大爬坡度越大越好。叉车最大爬坡度越小，在纵向坡道抵御上坡时的后倾翻车或下坡时的前倾翻车能力就越差。

8. 最小转弯半径

指叉车在无载重、低速行驶、打满转向盘（即转向轮处于最大偏转角）时，车体最外侧点和最内侧点到转弯中心的最小距离，分别称为叉车最小外侧转弯半径 $R_{min外}$ 和最小内侧转弯半径 $r_{min内}$。通常所称最小转弯半径一般是指最小外侧转弯半径 $R_{min外}$。

通常仓库的通道大小需要计算叉车的最小转弯半径。最小外侧转弯半径越小，则叉车转弯时需要的地面面积越小，机动性越好，这一性能对经常在狭小的工作地面上作业的叉车来说，是非常重要的。叉车的机动性决定了它在间隙较小的料堆之间取货、堆放以及通过狭窄通道的可能性，这对货场及仓库面积利用率有直接影响。影响叉车最小转弯半径的因素除叉车的轴距、后轮轮距（与转向轮的中心距有关）、转向车轮的最大偏转角等外，还有叉车的外形尺寸（特别是车长）和尾部（平衡重）形状。

9. 最小离地间隙

指叉车满载时除车轮以外，车体上固定的最低点至车轮接触地表面的距离，它表示叉车在满载低速行驶时无碰撞地越过地面凸起障碍物的能力，是叉车通过性能的主要参数。最小离地间隙越大，叉车的通过性越好。

叉车车体上固定的最低点一般在门架底部、前桥中部、后桥中部和平衡重下部等处。增大车轮直径可使最小离地间隙增加，但会使叉车的重心提高，转弯半径加大，从而降低叉车稳定性和机动性。叉车司机应了解最小离地间隙，当遇到路面障碍时，判断是骑越通过还是绕行。

10. 外形尺寸

叉车的外形尺寸一般用总长、总宽、总高来表示。总长是指叉车纵向叉尖至叉车最后端之间的水平距离；总宽是指叉车横向最外侧之间的距离；总高是指叉车门架垂直、货叉落地时，叉车最高点到地面的垂直距离。

为了使叉车具有较好的机动性能，外形尺寸（特别是车长）应尽量减小。叉车司机要掌握叉车外形尺寸，以便于安全进出车间、仓库等地。

11. 轴距及轮距

叉车轴距是指叉车前后桥中心线的水平距离。轮距是指同一轴上左右轮中心的距离。增大轴距、有利于叉车的纵向稳定性，但会使车身长度增加，最小转弯半径增大。增大轮距，有利于叉车的横向稳定性，但会使车身总宽和最小转弯半径增大。

二、叉车的主要性能

叉车的各种技术参数反映了叉车的主要性能。其主要性能有以下几个方面。

1. 装卸性能

反映叉车的起重能力和装卸快慢的性能。装卸性能的好坏对叉车作业生产率有直接的影响。通常以额定起重量、载荷中心距、最大起升高度、自由起升高度、起升和下降速度、门架前后倾角等技术参数来表征。叉车的起重量大、载荷中心距大、工作速度高，则装卸性能好。

2. 牵引性能

反映叉车行驶驱动能力,表示叉车行驶和加速快慢、牵引力和爬坡能力大小等方面的性能。通常用满载和空载最大行驶速度、满载和空载最大爬坡度、挂钩牵引力来表征。它对叉车作业生产力有较大影响,尤其在货场搬运距离较大的条件下影响更大。行驶和加速快,牵引力和爬坡度大,则牵引性能好。

3. 制动性能

反映叉车在行驶中迅速减速和停车的能力,决定了叉车作业的安全性。通常以在一定行驶速度下制动时的制动距离大小来加以衡量。制动距离小,则制动性能好。

4. 机动性能

反映叉车在狭窄通道和场地灵活转向、作业的能力,关系到叉车对作业场所的适应性及仓库、货场的利用率。与机动性有关的技术参数有:最小转弯半径、直角通道最小宽度、堆垛通道最小宽度等。转弯半径小,直角交叉通道宽度和直角堆垛通道宽度小,则机动性能好。

5. 通过性能

反映叉车克服道路障碍、通过各种路面和门户的能力。代表叉车通过性的技术参数有:外形高度及宽度、最小离地间隙。叉车的外形尺寸小,轮压小,离地间隙大,驱动轮牵引力大,则叉车的通过性能好。

6. 操纵轻便性和舒适性

是指叉车各操作件及驾驶座的布置要符合人机工程学的要求,各操作手柄、踏板的操纵力和操纵行程要在体能范围内,使司机不致过度疲劳,要具有良好的作业视野及舒适的乘坐环境等。如果各种操作手柄、踏板及转向盘上需要施加的操纵力较小,司机座椅与各操作件之间的位置布置得当,则操纵更轻便、更舒适。

7. 稳定性

指叉车在各种工况下抵抗倾覆的能力,是保证叉车作业安全的必要条件。相关标准规定:叉车必须进行有关的纵向稳定性和横向稳定性试验,试验全部合格后方能销售。

8. 经济性

指叉车的造价和劳动费用,包括动力消耗、生产率、使用和耐用的程度等。

任务四　叉车的选用

一、叉车选用的原则

现代叉车在不断实现功能创新的同时,自动化程度也越来越高。叉车的基本工作装置是货叉,在配备各种取物装置后,可适应各品种、形状和大小货物的装卸作业。现在世界上主要的叉车生产商,可提供数百种规格的产品。各类型的叉车均有其最适用的场合与环境。如何根据港口、库场的实际使用条件,选择适当规格或类型的叉车,发挥更大的经济效益,无疑是非常重要的。在流通管理中首先应了解叉车的选用原则,才能充分发挥叉车的使用价值。

叉车的选用主要参照以下两点原则:

(1)应首先满足使用性能要求。选用叉车时应合理确定叉车的技术参数,如起重量、工作速度、起升高度、门架倾斜角度等。

(2)选择使用费用低、经济效益高的叉车。选择叉车除考虑叉车应具有良好的技术性能外,还应有较好的经济性,包括:使用费用低、燃料消耗少、维护费用低等。

二、选择叉车的影响因素

从应用的角度来说,影响叉车选择的因素很多,无论是其性能、参数的选择,还是驱动形式、结构的选择,均与叉车的工作环境、搬运距离、通道宽度、库存条件及日作业量等方面因素密切相关。

传统的仓库设计,通常是先有了建筑物,再考虑其中的布局规划及机械设备,常常造成投资上的浪费。通过生产计划的分析及预测,选择合适的物流形式及储存方式,结合土建的设计规划,合理地进行叉车的选择与运用,才能达到最佳的投资收益。叉车选型的失误,往往会造成实际操作中效率低下或者事故的发生,严重的需拆除重建。在现有条件下,根据港口、库场的布置特点,综合考虑其他因素,进行设备的合理选择配置,选择最经济、合理、先进的技术设备,使其能按最佳的技术状态工作,是进一步挖掘企业内部生产潜力的重要途径。所以在设备选型时,除了要考虑车型所适用的高度与巷道空间外,还要结合自身条件,进行其他因素的综合考虑。

1. 工作环境

首先要分析叉车将运行在什么样的环境中。通常叉车能运行 6 ~ 8 年,一般以运作 5 年为基本前提。在选型和确定配置时,要向叉车供应商详细描述工况,并实地勘察,以确保选购的叉车完全符合企业的需要。

对于叉车将在什么样的地面上行驶需要给予特别的关注。因为其对轮胎的选择、司机的操作舒适性、货物的碰撞及其他因素均有影响。在建筑物外部使用时,要考虑叉车是否在混凝土路面、沥青路面、沙砾或肮脏的路面、有覆盖物的区域和头部上方有障碍物等状况下作业。建筑物本身也应予以考虑,最低净空、门的尺寸、最小的通道宽度、重量限制(由于电梯或结构的缘故)、斜坡等都会影响到叉车的选择。在建筑内部使用时要考虑是否需要平台以供叉车、货车的货物装卸。仓库内货架的顶部高度,这关系到叉车的最大提升高度的选择。还要考虑叉车将在何种环境下运行,是否潮湿、有污染或危险,是否卫生且通风等。

此外,地面的光滑度、平整度等状况也极大地影响叉车的使用,尤其是使用高提升的室内叉车时。假设叉车的提升高度为 10m,如果在叉车的左右轮之间有 10:11 的高低差,那么在 10m 处就会造成约 80mm 的倾斜,造成货架使用的危险。地坪的表面状况通常有一种情况,影响最大的是锯齿状起伏的地面,应尽量避免。如果地面为波浪状起伏,在一定的距离外有一定的高度差是可以允许的。最好的地面状况是平整光滑的,通常是经过表面处理的混凝土地面。地面需考虑的因素还包括承载能力、叉车轮压等。

一般来说电动叉车的驱动特性最接近恒功率软特性的要求,其优点是运转平稳、无噪声、不排废气、检修容易、操纵简单、营运费用较低;缺点是怕冲击振动、对路面要求高。由于受蓄电池容量的限制,电动机功率小,车速和爬坡能力较低。因此,电动叉车主要用于通道较窄、路面状况好、起重量较小、车速不要求太高的库场。在易燃品仓库或要求空气洁净的地方，只能使用电动叉车。冷冻仓库中，不但要求空气洁净，且内燃机起动困难，也应采用电动叉车。有防爆要求的场所，应选用防爆型叉车。如叉车需要进出电梯，或者要进行集装箱内部作业，需要选择带大自由扬程的门架。

内燃叉车作业持续时间长、功率大、爬坡能力强，对路面状况要求低、基本投资少。但是运转时有噪声和振动、排废气现象。因此，内燃叉车适合于室外作业。在路面不平或爬坡度较大以及作业繁忙、搬运距离较长的场合，内燃叉车比较优越。一般起重量在中等(3t)以上时，宜优先选用内燃叉车。

2. 搬运距离

叉车属于多功能的装卸搬运机械。就其搬运功能而言并非考虑长途运输，一般行驶速度小于20km/h。港内水平搬运作业，采用哪种搬运机械合适，要根据各港的具体条件而定，其中尤以搬运距离因素影响较大。

实践经验表明，100m内使用电动叉车；100～200m使用内燃叉车；200～500m使用牵引车挂车较好。这是由于叉车在较近距离内完成装卸搬运作业时，主要是发挥叉车的装卸功能。随着搬运距离的增加，叉车在一个装卸搬运周期循环过程中，其周期时间的消耗主要是运输时间。在此情况下，提高每次搬运货物的单元重量和运输速度，是提高装卸搬运生产率的重要途径。

3. 通道宽度

假设库场货垛均设在叉车通道的两侧，并要求经过通道能随时存放，则此时所需的通道宽度为叉车直角堆垛最小通道宽度。直角堆垛的最小通道宽度，不但是衡量叉车机动性的一个重要指标，而且直接影响库场有效堆存面积的利用，影响库场的利用率。

一般来说，前移式叉车所需直角堆垛最小通道宽度约为轮距或承载器长度的2倍，则库场面积利用率一般为50%左右；平衡重式叉车所需直角堆垛最小通道宽度约为轮距或承载器长度的3倍，则库场面积利用率一般为40%左右。假如仓库需要存放的货物平面面积为1000m^2，那么第一种情况所需要的库场平面面积为2000m^2；第二种情况所需库场平面面积为2500m^2。如果采用高架堆垛机方案，则其通道宽度约等于承载器的长度，其库场面积利用率可达66%，则所需要的库场面积约为1515m^2。由此可见，选用合适的叉车，可以大大地节省库场面积及建筑投资。

影响仓容量利用率的重要因素是叉车适用高度。不同形式的叉车有不同的适用高度范围。各系列叉车的适用范围如表1-3所示。

各系列叉车的适用范围 表1-3

叉车类型	承载范围(t)	最大起升高度(mm)	适用高度(mm)	巷道宽度(mm)	利用场合
平衡重式叉车	1.25～5.0	7000	3000	3500	室内外装卸、搬运作业
前移式叉车	1.0～2.5	11500	6000～8000	>2800	各种室内环境
电动堆垛机	1.0～1.6	5350	3000～4000	2300	楼层式仓库、较矮仓库、集装箱内部装卸
VNA系列叉车	1.25～1.5	14240	10000～14000	>1600	高架堆垛、拣货配货

4. 库存条件

库场堆存条件中，首先是库场堆存技术定额，指库场有效面积中每平方米能堆放货物的最大设计承载质量。堆存技术定额直接影响到叉车轮压的限制，所选用叉车的轮压必须小于堆存使用定额。其次是库场地面的平整度、净空高度、作业生产率要求等。仔细考察叉车作业时需要经过的地点，设想可能出现的问题，例如：出入库时门高对叉车是否有影响；进出电梯时，电梯高度和承载质量对叉车的影响。对于年代较久的仓库，要根据现在的结构强度，慎重确定每平方米允许的最大承载质量。在楼上作业时，楼面承载质量是否达到相应要求。

大部分的叉车都是以托盘为操作单位的，所以托盘的尺寸与形式往往影响叉车的选择。操作不同深度与宽度的托盘，所需要的巷道空间不同。更重要的是，如果托盘及所载货物的重心超过叉车的设计载荷中心，载重能力将下降，所以通常都建议采用标准托盘形式。目前使用较普遍的是欧洲标准 800mm × 1200mm 或 1000mm × 1200mm 的四向叉取式托盘，它可适用于各种车型。

除了确定叉车将要提升的最大重量，还要考虑到货物的形状、规格以及重心位置。如果货物重心超出叉车标定的距离则会影响叉车的承载能力，特殊的提升设备将会影响到叉车的提升能力。此外，货物尺寸、载荷中心、货物包装、堆放类型（如托盘、周转箱、笼车还是桶）、所需的属具及属具重量、装载和夹持范围等参数（可与属具供货商确认），堆垛高度、特殊的操作要求（如易碎品搬运、多班次作业等），以及工作循环等因素也必须考虑到。

5. 日作业量

仓库的进出货频繁程度、叉车每天的作业量关系到叉车蓄电池容量或者叉车数量的选择，以保证日常作业正常进行。某些叉车每工作日使用的时间很少，而有些叉车则在多班工作的时间里几乎不停机。这些使用上的差异使得对设备产生不同的要求。因此，应确认所选择的叉车能够完成既定任务。

另外，还要考虑叉车司机的作业习惯（如习惯坐驾还是站驾）等方面的要求。适合身材较高的叉车司机的控制方式会使得身材较矮的叉车司机感到不便；需要频繁上下车的叉车司机则更喜欢站驾式叉车而不是坐驾式叉车。叉车作业视野的好坏、噪声的大小等会直接影响到工作效率，叉车的外部造型和内部配置（如座椅、脚镫、暖气等）都需认真考虑，最好和作业司机一起做决定。叉车还有多种选项可供选择，包括属具、灯、信号器、报警器、灭火器、载荷稳定器、货物称重器、安全带以及挡货架等，应根据作业的需要加以选择。

三、叉车的选择标准

（一）性能评判标准

在综合评估时，很多企业由于对叉车专业知识及技术不了解，常常对产品质量无法作出合理的判断。一般来说，高质量叉车的优越性能往往体现在高效率、低成本、高安全性以及维护方便等诸多方面。

1. 高效率

高效率并不只表现为高速度（行驶、提升、下降速度），还表现为叉车司机完成一个工作循环所需的时间短，并且能在整个工作时间始终保持这个效率。综合转弯半径和载荷尺寸必须与能够通过的最小通道宽度相一致。在牵引车或有轨货车的深处进行堆放货物，高自由提升是必要的,同时选用动力可调式货叉将会增加效率和安全性。较快的速度可增加效率但会降低安全性,而选用可控硅液压控制器的平稳操作可防止货物受到损坏。

许多因素都可以促进效率提高,如人机工程设计的应用。人机工程学是一门广泛应用于产品设计,特别是改善操作环境的科学。目的是通过降低司机疲劳度和增加操作的舒适性等手段,最大限度提高生产效率。在叉车设计上,人机工程学体现在如下几个方面。

(1)降低司机操作时的疲劳度:独特的设计能减少司机的操作动作,使操作更省力。

(2)舒适性:人性化的设计能够使司机保持良好的心情,减少操作失误。

(3)良好的视野:为叉车作业过程提供良好的视野,不仅能提高效率,同时确保司机的安全。

2. 低成本

企业购买和使用叉车时,每年所需花费的总成本应包括采购成本、维护成本、能耗成本和人工成本。其中采购成本将被平摊到叉车寿命中,因此高价叉车将因其寿命更长而使采购成本降低。实际的维修费用不仅与维修配件的成本有关,而且与故障率或故障时间有关。因此,一台高品质的叉车由于其较低的故障率,其维护成本也更低。能耗成本将随不同动力系统的叉车而不同,如电能、柴油、液化石油气或汽油。人工成本是随司机的数量和每月总工资变化而不同,司机的数量将会因采用高效率的叉车而减少。

衡量叉车经济性最重要的指标是单位装卸成本。设备的寿命有自然寿命和经济寿命两种。设备在使用中,由于老化、磨损等自然损坏直至报废时所经历的时间,称为自然寿命;从成本的观点研究设备的最佳寿命,称为经济寿命。仅叉车设备的购置价格并非能全面反映叉车使用的经济性,经济性与设备的经济寿命有关。凡经济寿命届满,设备进入恶化阶段而仍然勉强使用者,故障率、维修费不免大增,这从经济观点看,是得不偿失的。自然经济成本即包括设备经济寿命期内设备折旧、燃润料消耗、维修费、管理费等一切费用之和。实践证明,内燃叉车(无论是液力式传动,还是静压式传动),其传动效率均较低,燃润料消耗占装卸总成本60%以上。因此,在货源稳定、品种单一的专业化仓库,构建VNA系列叉车系统,虽一次性投资高于其他系统40%左右,但总的经济效益远高于其他系统,且故障率远低于内燃叉车装卸系统。

3. 高安全性

叉车的安全性设计,应能够全面保证司机、货物以及叉车本身的安全。高品质的叉车往往在安全设计方面考虑到每个细节、每个可能性。叉车列入国家特种设备的管理以后,为加强叉车生产的管理,安全性检查的项目在性能试验中占了较大的比例。在《内燃平衡重式叉车型式试验细则》(以下简称《细则》)安全性检查条款中,有具体的相关规定。

(1)叉车的铭牌及车架号标注。各企业的铭牌都有自己的特点,但要求包括产品名称和型号、制造日期或产品编号(至少要标出生产月份)、作业状态下无载时自重、额定起重量等项目,缺一不可。如果有可拆式属具和特殊用途还要按《细则》要求制作铭牌。车架号应打在叉车车架明显位置,建议在车轮防护罩或车架侧面,字体应醒目。

(2)安全标识。包括在门架外侧标有货叉上严禁站人、货叉下禁止行走的安全标志。其他标志和说明至少包括门架夹手标志、轮胎气压标志、风扇叶片切手标志、注油标志、操作要领。

(3)起升装置的安全性。为防止货叉横向意外滑移(适用于挂钩型货叉)或脱落而特别加装防脱落螺栓，或为动力驱动的升降装置加装机械限位块（由起升油缸控制限位是不可靠的），防止货架冲出门架槽钢。如果在设计工艺、制造中要严格把好这道关。缺少这一简单的工序，就可能造成严重的后果。

人机工程学理论是叉车主动安全性设计的基础。叉车的主动安全性设计应以司机为核心，设计叉车操纵、显示装置、驾驶视野、座椅位置、护顶架等要素时，应对人体测量数据、人的视觉特性、人体生物力学特性等进行研究，总体考虑司机的安全性、舒适性，以提高叉车在使用中的主动安全性。安全性检查对于我国叉车行业来说是个新内容、新要求，由于叉车的人机工程和环境因素管理越来越趋向于人性化，因此叉车的安全性能检查和叉车的性能指标对于提高产品质量具有同样重要的作用。

4. 维护方便

维护方便程度直接关系到对叉车维修设备及维修人员的技术要求、维修期的长短、设备使用寿命的降低；叉车零部件的标准化、系列化、国产化直接影响叉车的可修复性及修理费用的高低，继而影响叉车的利用率，影响叉车的装卸成本。所有的零部件应更换方便，故障的确诊和排除要快。高品质叉车的控制系统都已经模块化，可直接与手提电脑连接，利用诊断程序来快速地查找故障或修改参数设置（如行驶速度）。

还要考虑到维修时的可接近性，如面板的移动是否容易简单、炭刷的更换是否方便、发动机的检查口是否易于检查，是否有利于接触器的修理等。其他如液压原因（品牌和控制方式）、磨损点、门架（滚轮及对中性）、过滤器的清洗、润滑油的注入位置、定期的维修时间、所推荐的维护时间间隔、保证书、制造商或代理商的技术支持、备件可得性以及配件供应商等因素也在考虑的范围之中。

不同车型的市场保有量不同，其售后保障能力也不同，例如：低位驾驶三向堆垛叉车和高位驾驶三向堆垛叉车同属窄通道叉车系列，都可以在很窄的通道内（1.5 ~ 2.0m）完成堆垛、取货。但是前者驾驶室不能提升，因而操作视野较差，工作效率较低。由于后者能完全替代前者的功能，而且性能更出众，在欧洲后者的市场销量比前者超出 4 ~ 5 倍，在中国则达到 6 倍以上。因此，大部分供应商都侧重发展高位驾驶三向堆垛叉车，而低位驾驶三向堆垛叉车只是用在小吨位、提升高度低（一般在 6m 以内）的工况下。在市场销量很少时，其售后服务的工程师数量、工程师经验、配件库存水平等服务能力就会相对较弱。

（二）检测评判标准

在最终决定选用一辆叉车之前，必须让它通过专门维修人员的检查。一是在新车上预演维修检修任务以便评估每辆车其所需的时间；二是带着以前修理旧叉车所遇到的问题清单检查新叉车，许多维护时所关心的问题就可以提前得到检测。叉车主要检测项目和步骤如下。

（1）外观质量：在叉车明显的地方贴有产品标牌，在司机目光所及处贴有“载荷曲线”标牌，涂漆表面应平整、色泽均匀、铸件表面平整光滑等。

（2）最大起升速度：检测叉车呈标准载荷，拉紧驻车制动器，发动机以最大转速运转，液压分配阀全开时，测量货叉通过上升行程的时间，计算起升速度。

（3）超载 25% 安全性能检验：按 JB/T 3300—2010 进行，门架起升系统无任何异常，货叉离地高大于 300mm 时全自由起升门架不检。

（4）空载行车制动距离：叉车以 20 ± 2km/h 的速度行驶，然后以最大减速制动至停车测量制动距离。

(5)门架倾角的自然变化量和货叉自然下滑量:叉车呈标准载荷状态,拉紧驻车制动器,将载荷升到离地面1m高度位置,关闭液压分配阀,发动机熄火,静止10min后,将货叉载荷地面的位置标记在测量门架上,同时标记门架倾斜角;再过10min,分别测量货叉下降量和门架倾斜角的变化量。

(6)空载最大运行速度:试验道路应为直线平坦的硬路面,叉车在试验前发动机预热达到技术条件规定的指标,试验时风速不超过3m/s,将发动机加速踏板踩到底,当车速达到最高时测量通过50m测量区段所用的时间,计算运行速度。

(7)满载坡道驻车制动:叉车呈标准状态下,拉紧驻车制动器在15%坡道上车轮不滚动、不滑动,手操纵力不超过300N。

(8)最大爬坡度:叉车呈标准状态下,发动机充分预热后,叉车前轮轴线停在距坡底1m处。起步后发动机节气门全开,爬坡,车速必须大于2km/h,能顺利爬越设计值规定坡度的15m距离。

(9)最小转弯半径:叉车在空载状态下,转向轮转到最大转角后,转向盘保持不动,以最小稳定车速分别向左、右各转1周,测出车体外侧的回转半径。

(10)起动性能:在环境温度下,冷车电起动发动机三次,每次间隔约10min。

(11)整机密封性检查:2h强化试验后停车10min目测,动结合面不滴油,静结合面不渗油。

(12)燃油污染度:烟度(柴油机)按GB 3847—2005《车用压燃式发动机和压燃式发动机汽车排气烟度排放限值及测量方法》进行,废气(汽油机)按GB 18285—2005《点燃式发动机汽车排气污染物排放限值及测量方法(双怠速法及简易工况法)》进行。

企业在购买叉车前,除了解叉车的详细规格及主要参数(起重能力、最大起升高度、最小转变半径、门架类型等),还应结合企业的具体工况和发展规划,综合考虑叉车厂家的实力、信誉、服务保证等多方面因素之后作出采购决定。在满足工作要求和运营成本之间进行评估往往是一个折中的方案。有实力的叉车供应商除了能提供可靠的售后服务外,其销售人员应该具备专业知识,能够帮助客户完成车型及配置选择阶段的工作。

如果可行的话,应尽量让新车在工作库场做测试。当然,并不是在任何时候都是可行的。可供选择的方法就是访问另外一个正在使用你所选择叉车的企业,或在代理商的库场测试车辆。企业自有司机和维护人员做的测试和检查越多,其结果就越好。而且,选择购买何种叉车的决定应该考虑将使用和维护车辆的司机和机师的建议。最终确定的叉车规格方案很可能是一个折中的方案,但它却是选择寿命周期最长、效率最高的最优方案。

(三)品牌评判标准

先初步确定几个品牌作为考虑的范围,然后再综合评估。在初选阶段,一般把以下几个方面作为品牌初选的标准:

(1)品牌的产品质量和信誉。

(2)品牌的售后保障能力,在企业所在地或附近有无服务网点。

(3)企业已用品牌的产品质量和服务。

(4)选择的品牌是否与企业的定位相一致。

初选完成后,对各品牌的综合评估要包括品牌、产品质量、价格、服务能力等。在选择叉车品牌时,存在着一定的误区。如果均为进口品牌的叉车,质量都是差不多的,价格也应该是接近的。实际上这是一个常识性的错误,就像汽车一样,进口品牌的汽车很多,不同品牌之间的价格差距也非常大,而性能当然也有差别。此外,叉车是一种工业设备,最大限度地保证设备的正常运转是企业目标之一,停工就意味着损失。因此,选择一个售后服务有保障的品牌是至关重要的。各叉车公司皆以产品种类、系列的多样化去充分适应不同用户、不同工作对象和不同工作环境的需要,并不断推出新结构、新车型,以多品种、小批量满足用户的个性化要求。

2～5t 级内燃叉车依然是中国叉车市场上的主打产品,其主要原因是,目前叉车多用于仓储物流中心室内搬运及室外货车装卸作业。该吨级产品的起升能力和工作转弯半径方面均处于适中水平,迎合了大部分用户的需求。电动叉车(电动平衡重乘驾式叉车和各类电动仓储车辆)市场潜力已迅速发展起来。

受国家政策的影响,叉车的消费观念将更重视安全、健康、环保方面,价值方面的考虑权重加大,传统的石化燃料的内燃叉车为主导的市场必然要向更节能、更环保的电动仓储车方向发展。

本项目小结

本项目较为全面地介绍了叉车的概念、运用领域以及叉车在国内外市场的发展状况。对目前市场上广泛应用的叉车进行了动力装置、结构等方面的分类比较。

以平衡重式叉车这种最为普通的叉车为例,介绍了动力装置、传动装置、转向装置、工作装置、液压装置、制动装置和电气装置等主要部件结构与功能,以及平衡重式叉车型号的编制方法。详细介绍了叉车的主要技术参数与性能指标,以及叉车选用的原则与评测方法。

关键术语

内燃叉车　电动叉车　仓储叉车　平衡重式叉车　插腿式叉车
前移式叉车　拣选式叉车　电动堆垛机　动力装置　传动装置
转向装置　制动装置　额定起重量　载荷中心距　最大起升高度
自由起升高度　门架倾角　最大起升高度　最大起升速度　最大行驶速度
最大爬坡度　最小转弯半径　最小离地间隙　轴距

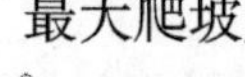

复习与思考

1. 叉车的主要用途有哪些?
2. 讨论叉车制造行业市场发展现状及趋势。
3. 叉车的技术参数指标有哪些?
4. 怎样选用合适的叉车?检测评判的标准有哪些?

实践训练项目

请到叉车机械交易市场,就叉车销售情况进行调研;或者到物流中心,了解各物流公司的叉车采购和使用情况。要求撰写调研报告,内容为热销或常用叉车的品牌、型号、种类,以及使用场合、工作内容等,并分析其热销的原因。

项目二　叉车结构与工作原理

知识目标

1. 了解叉车发动机的基本结构和工作原理,特别是四冲程发动机的工作原理;
2. 熟悉叉车底盘的作用和组成,主要是离合器、变速器的工作原理;
3. 掌握叉车的工作装置及其属具的结构和功能;
4. 了解叉车的电气系统结构和技术规范,以及蓄电池损耗规律。

能力目标

1. 能区分不同类型叉车动力装置,理解其基本结构与工作原理;
2. 能认知叉车底盘的结构和功能;
3. 能认知叉车工作装置的结构和功能;
4. 能根据实际情况,选择合适的叉车属具;
5. 能按照叉车电气系统技术规范,认知各电气系统组成;
6. 能规范维护叉车蓄电池。

案例导入

当今,叉车设计无不体现着"以人为本"的理念,而作为最常使用的叉车类型——内燃叉车更是受到设计师与生产厂商的关注。

内燃叉车以内燃机为动力,其动力强劲,适用范围广泛,受到了广大用户的青睐。世界范围内,内燃叉车的销量占叉车总销量的60%左右(国内占75%左右)。

近年来,我国工业车辆出口发展势头迅猛,出口产品已占全部工业车辆销售量的三分之一,个别企业出口产品占80%以上。出口市场主要分布在美国、欧盟和俄罗斯,而且出口量逐年递增。伴随着叉车需求的增大,越来越多的公司投入到叉车的生产行业中。当前,叉车市场的竞争日益激烈,要求叉车产品技术更新换代的速度越来越快。随着欧盟各种指令的不断颁布实施以及人们环保意识的日益增强,现阶段内燃叉车的设计不仅仅是要满足功能要求,更需要在环保性、人性化、安全性、可靠性和便于维护等多方面进行综合考虑,体现"以人为本"的设计思想。

任务:叉车的结构越来越人性化,越来越讲究安全性能,这都表现在哪些方面。

任务一　叉车的动力装置

叉车的动力源于发动机。发动机是叉车的心脏部件,发挥着不可替代的作用。常见的叉车动力装置有三种，即汽油发动机、柴油发动机、直流发动机。叉车属于非道路车辆，与一般的工程机械用发动机类似，需要低速大转矩。虽然动力装置的构造和安装位置各异，但对叉车的其他构造影响不大。

一、内燃发动机

内燃机是指利用燃料燃烧后产生的热能使气体膨胀以推动曲柄连杆机构运转，并通过传动机构和驱动轮驱动车辆前进。由于这种机器的燃料燃烧时在发动机内部进行，所以称为内燃机。叉车上使用的内燃机，大多数是往复活塞式内燃机，即燃料燃烧产生的爆发压力通过活塞的往复运动，转变为驱动车辆的机械动力。

发动机由于燃料和点火方式的不同，可分为汽油发动机（简称汽油机）和柴油发动机（简称柴油机）两大类型。汽油机一般是先使汽油和空气在化油器内混合成可燃混合气，再输入发动机汽缸并加以压缩，然后用电火花使之燃烧发热而做功，所以这种汽油机称为化油器式汽油机。有的汽油机是将汽油直接喷入汽缸或进气管内，同空气混合成可燃混合气，再用电火花点燃，这称为汽油喷射式汽油机。柴油机所使用的燃料是轻柴油，一般是通过喷油泵和喷油器将柴油直接喷入发动机汽缸，与在汽缸内经过压缩后的空气均匀混合，使之在高温下自燃，这种发动机称为压燃式发动机。

（一）发动机的基本结构

发动机是一部由许多机构和系统组成的复杂机器。下面介绍四冲程发动机的一般构造（图2-1），其一般由曲柄连杆机构、配气机构、供给系统、润滑系统、冷却系统、起动系统等组成。

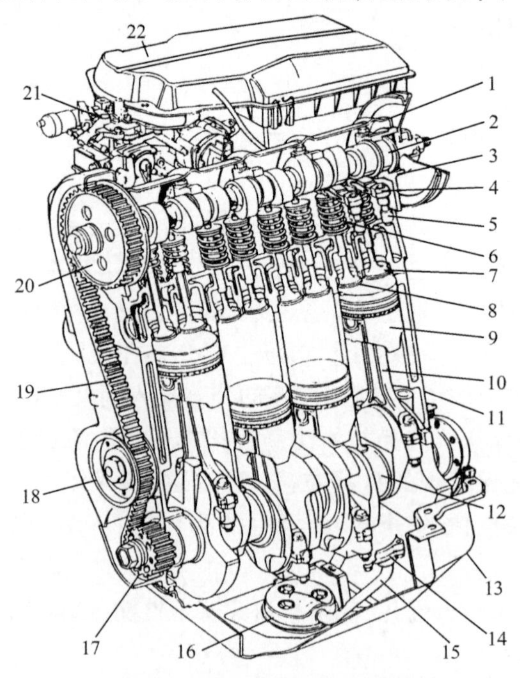

图2-1　四冲程发动机的一般构造

1-汽缸盖罩；2-凸轮轴；3-汽缸盖；4-摆臂；5-气门间隙自动调节器；6-气门弹簧；7-进气门；8-排气门；9-活塞；10-连杆；11-机体；12-曲轴；13-油底壳；14-机油泵；15-机油管；16-集滤器；17-曲轴齿形带轮；18-张紧轮；19-正时齿形带；20-凸轮轴齿形带轮；21-化油器；22-空气滤清器

(1)曲柄连杆机构。包括汽缸盖、汽缸体、油底壳、活塞组、连杆组、飞轮、曲轴等。其主要作用是组成燃料进行燃烧并转化成机械能的空间;将活塞的往复运动转化成曲柄的旋转运动。

(2)配气机构。包括进气门、排气门、挺柱、推杆、摇臂、凸轮轴、凸轮轴正时齿轮、曲轴正时齿轮等。其功能是按照每一汽缸的工作过程和各缸的工作顺序,定时开启和关闭各汽缸的进气门、排气门,使新鲜空气及时进入汽缸,废气及时排出汽缸。

(3)供给系统。包括汽油箱、汽油泵、汽油滤清器、化油器(喷油泵)、空气滤清器、进气管、排气管、排气消声器等。其作用是将过滤后的空气和柴油按照一定要求准时送入汽缸,使之形成所需的可燃混合气,并及时将燃烧后的废气排出。

(4)润滑系统。包括机油泵、集滤器、限压阀、润滑油道、机油粗滤器、机油细滤器、机油冷却器等。其作用是将机油不断地供给到各零件的摩擦表面,形成油膜,以减少摩擦阻力。从而降低功率损耗,减轻机件磨损,延长发动机使用寿命,并带走摩擦产生的热量。

(5)冷却系统。包括水泵、散热器、风扇、分水管、汽缸体放水阀、水套等。发动机使用过程中,直接与高温气体接触的机件(如汽缸体、汽缸盖、活塞、气门等)若不及时加以冷却,则其中运动机件可能因受膨胀而破坏正常间隙,或因润滑油在高温下失效而卡死;各机件也可能因高温而导致机械强度降低甚至损坏。为保证发动机正常工作,必须对这些在高温条件下工作的机件加以冷却,从而保证汽油机各部分正常的工作温度。根据冷却介质不同,冷却系分为风冷和水冷两种。目前车用发动机上广泛采用的是水冷式。

(6)起动系统。包括起动电机和便于起动的辅助装置。起动机一般由直流电动机、操纵机构和离合机构三部分组成。其作用是使发动机由静止状态借助外部力量转动发动机的曲轴,使汽缸内吸入(或形成)可燃混合气并燃烧膨胀,起动后过渡到工作状态。柴油机冬季起动困难,为了能在低温下迅速可靠地起动,常采用一些用以改善燃料的着火条件和降低起动转矩的起动辅助装置,如电热塞、进气预热器、预热锅炉和起动喷射装置以及减压装置等。

另外,汽油发动机在工作时,汽缸内的压缩可燃混合气的爆燃做功是靠火花塞电极间产生的电火花而引燃的。将蓄电池或发电机的低压电变为高压电,并按发动机各缸的工作次序适时地进入汽缸,产生火花点燃被压缩的可燃混合气而使发动机做功,这就是点火系的功用。点火系包括蓄电池、发电机、分电器、点火线圈、火花塞等。柴油机没有点火系。

(二)发动机工作原理

1. 基本术语

(1)上止点。活塞顶离曲轴回转中心最远处,即活塞最高位置,称为上止点。

(2)下止点。活塞顶离曲轴回转中心最近处,即活塞最低位置,称为下止点。

(3)活塞行程。上、下止点之间的距离 S,称为活塞行程。

(4)曲柄半径。曲轴与连杆下端的连接中心至曲轴回转中心的距离 R,称为曲柄半径。

(5)汽缸工作容积。活塞从上止点到下止点所扫过的容积,称为汽缸工作容积或汽缸排量。

(6)汽缸总容积。活塞在下止点时,其顶部以上的容积,称为汽缸总容积。

(7)燃烧室容积。活塞在上止点时,其顶部以上的容积,称为燃烧室容积。

(8)压缩比。压缩前汽缸中气体的最大容积与压缩后的最小容积之比,称为压缩比。换

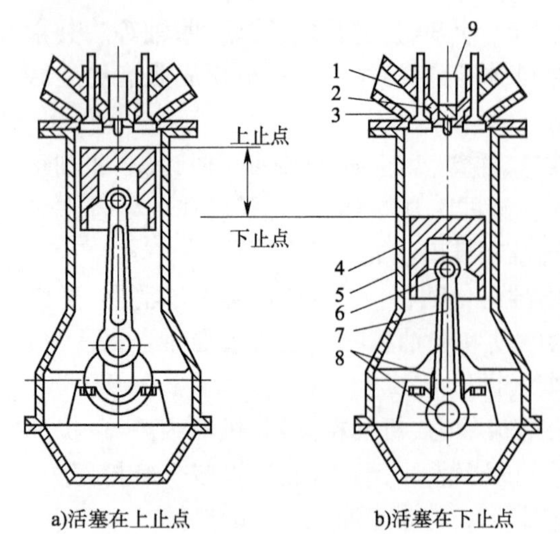

图 2-2 发动机示意图

1-排气门;2-进气门;3-汽缸盖;4-汽缸;5-活塞;6-活塞销;7-连杆;8-曲轴;9-喷油器

言之,压缩比等于汽缸总容积与燃烧室容积之比。

发动机示意图如图 2-2 所示。

2. 活塞的运动

在往复活塞式内燃机中,气体的工作状态包含进气、压缩、做功和排气四个过程的循环。这四个过程的实现是活塞与气门运动情况相联系的,使发动机一个循环接着一个循环地持续工作。工作循环不断重复,就实现了能量转换,使发动机能够连续运转。

3. 四冲程发动机工作原理

四冲程发动机完成一个工作循环,曲轴转两圈,活塞在汽缸内上下各两次,进、排气门各开闭一次,完成进气、压缩、做功、排气四个行程,产生一次动力(图 2-3)。

(1)进气行程。当活塞由上止点移动时,进气门开启,排气门关闭。对于汽油机而言,空气和汽油混合成的可燃混合气就被吸入汽缸,进行进气行程;对于柴油机而言,它在活塞进气过程中吸入汽缸的只是纯净的空气。这一活塞行程就称为进气行程。

(2)压缩行程。为使吸入汽缸的可燃混合气体能迅速燃烧,以产生较大的压力,从而使发动机发出较大的功率,必须在燃烧前将可燃混合气压缩,使其容积缩小、密度加大、温度升高,即需要有压缩行程。在这个行程中,进、排气门全部关闭,曲轴推动活塞由下止点向上止点移动一个行程,称为压缩行程。

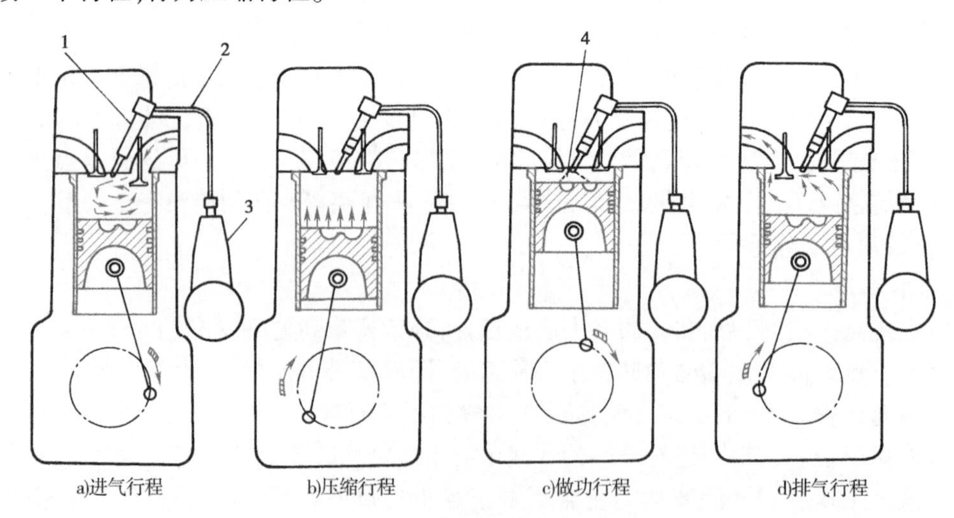

图 2-3 四冲程发动机工作循环

(3)做功行程。在这个行程中,进、排气门仍旧关闭。对于汽油机而言,在压缩行程终了之前,装在汽缸盖上的火花塞产生电火花,点燃被压缩的可燃混合气。可燃混合气燃烧后,放出大量的热能。因此,燃气的压力和温度迅速增加。所能达到的最高压力约为 3 ~ 5MPa,

相应的温度则为2200～2800K；对于柴油机而言，在压缩行程终了之前，通过喷油器向汽缸喷入高压柴油，迅速与压缩后的高温空气混合，形成可燃混合气后自行发火燃烧。此时，汽缸内气压急速上升到6～9MPa，温度也上升到2000～2500K。高温高压的燃气推动活塞从上止点向下止点运动，通过连杆使曲轴旋转并输出机械能，这一活塞行程称为做功行程。

（4）排气行程。可燃混合气燃烧后产生的废气，必须从汽缸中排除，以便进行下一个进气行程。当做功行程接近终了时，排气门开启，靠废气的压力进行自由排气，活塞到达下止点后再向上止点移动时，继续将废气强制排到大气中。活塞到达上止点附近时，排气行程结束。

在四冲程柴油机的四个行程中，只有第三行程即做功行程才产生动力对外做功，而其余三个行程都是消耗功的准备过程。如果改变发动机的结构，使发动机的工作循环在两个活塞行程中完成，即曲轴旋转一圈的时间内完成，这种发动机就称为二冲程发动机。

二、电动叉车的电动机

1. 动力型蓄电池

目前，在电动叉车、电动牵引车上使用的电源基本上都是动力型蓄电池。动力型蓄电池也称牵引型蓄电池，其工作原理与起动型蓄电池基本相同。

在结构上，动力型蓄电池正极板一般采用管式极板，负极板是涂膏式极板。管式正极板是由一排竖直的铅锑合金芯子，外套以玻璃纤维编结成的管子组成；管芯在铅锑合金制成的栅架格上，并由填充的活性物质构成。由于玻璃纤维的保护，使管内的活性物质不易脱落，因此管式极板寿命相对较长。如图2-4所示。

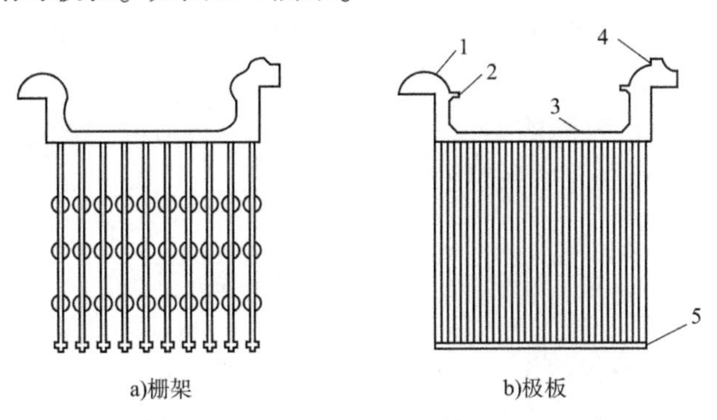

图2-4　动力型蓄电池栅架和极板结构图

1-挂耳；2-挂钩；3-背梁；4-焊接极耳；5-封底

将单体的动力型蓄电池通过螺栓紧固连接或焊接的形式，可以组合成不同容量的电池组，电动叉车和电动牵引车都是以电池组的形式提供电源的。

动力型蓄电池自出厂之日起，在温度5～40℃、相对湿度小于80%的环境中，保存期为两年；若超过两年，容量和使用寿命都会相应地降低。动力型蓄电池在放电过程中，当电解液温度不同时，表现出的电气性能也不同。

2. 直流电动机

电动机是将电能转化为机械能的装置，按照供电电源不同，电动机可分为交流电动机和直流电动机两大类。作为装卸搬运机械的原动机，电动机在门桥式起重机、电动搬运车辆中应用广泛。交流电动机具有结构简单、制造容易、价格便宜、运行可靠、维护方便、效率较高等优点,但缺点是功率因数低,运行时需要从电网吸收无功电流来建立磁场,功率因数小于1。直流电动机具有良好的起动性能和调速性能,加之其力学性能能更好地满足工作机械的要求,因此广泛应用于电力牵引、起重设备等要求调整范围大、精度高的场合。

直流电动机在结构上可以分为定子(磁极)和转子(电枢)两部分。图2-5所示为直流电动机的结构图。

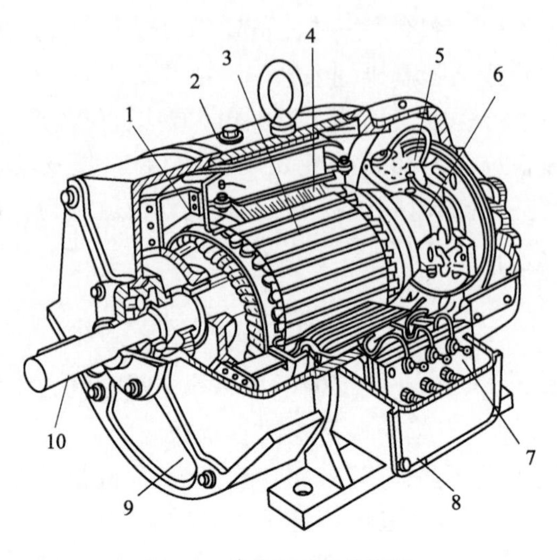

图2-5　直流电动机结构图

1-风扇;2-机座;3-电枢;4-主磁极;5-电刷及刷架;6-换向器;7-接线板;8-接线盒盖;9-端盖;10-输出轴

(1)定子(磁极)部分。直流电动机的定子部分主要由产生磁场的主磁极、外壳(机座)、电刷装置和前后端盖等组成。

(2)转子(电枢)部分。直流电动机的转子部分主要是由电枢铁芯、电枢绕组和换向器等组成,主要功能是在磁场中受力而对外输出机械转矩。

任务二　叉车的底盘部分

底盘是叉车装配及行驶的载体。其作用是支撑、安装发动机车身等部件总成,形成叉车的总体造型,接受发动机输出的动力,使叉车产生运动且保证叉车正常行驶。底盘由传动系、行驶系、转向系和制动系四大部分组成。

一、传动系

(一)概念

机动车辆动力装置和驱动轮之间的传动部件总称为传动系。其作用是将动力装置发出的动力传给驱动车轮,让驱动车轮运动。传动系的功能是保证车辆在不同的行驶条件下,改变发动机的转矩和转速,使车辆具有合适的牵引力和行驶速度,并同时保证发动机在最有利的工况范围内工作。任何形式的传动系都必须具有如下功能:实现变速、实现车辆倒驶、转弯时保证车辆两侧驱动轮实现变速作用。

传动系分类形式多样。按动力形式,可分为内燃动力传动、电力传动;按发动机形式可分为汽油动力传动、柴油动力传动、液化气动力传动;按结构形式,可分为机械式传动、液力式传动。

机械式传动(图2-6)为传统的传动方式。工作时,发动机动力经由离合器、变速器、万向传动轴传入驱动桥,再经装于驱动桥内的主减速器、差速器传至半轴,驱动车轮旋转。某些车辆还在驱动轮中装有轮边减速装置。

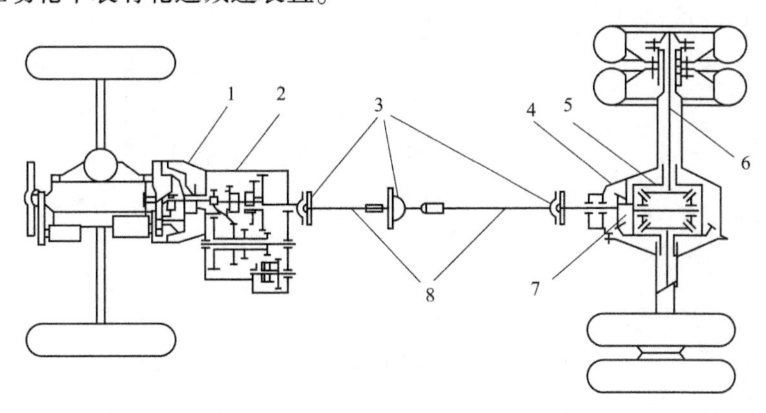

图2-6　机械式传动系一般组成及布置示意图

1-离合器;2-变速器;3-万向节;4-驱动桥;5-差速器;6-半轴;7-主减速器;8-传动轴

液力式传动可分为液力机械式传动和静液式传动。

液力机械式传动车辆,其动力是经由液力变矩器、动力换挡变速器、万向传动轴、主减速器、差速器、半轴、轮边减速器后传给驱动车轮(图2-7)。

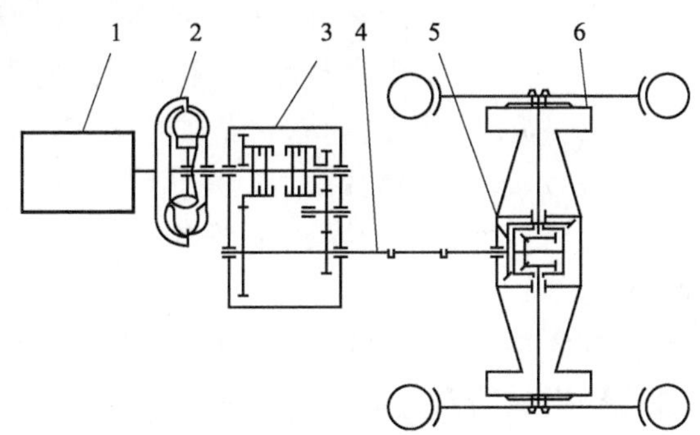

图2-7　液力机械式传动系统简图

1-内燃机;2-液力变矩器;3-变速器;4-万向传动轴;5-主减速器;6-轮边减速器

静液式传动车辆,则由发动机直接带动油泵,油泵输出的压力驱动安装在驱动轮上的液压马达旋转而直接带动车轮旋转。

总体而言,上述各类传动方式各有特点。机械式传动,车辆性能可靠、造价较低且维修方便,但司机劳动强度相对较大;液力式传动车辆可实现无级变速,操作轻便,司机劳动强度小,但造价较高,对维修人员技术水平要求较高。

(二)机械式传动系结构及工作原理

1. 离合器

(1)离合器结构。

离合器是内燃机车辆传动系中直接与发动机相连的部件,是发动机与变速器之间的传力机构。离合器主要用作分离和接合发动机,输出给传动装置的动力。当发动机起动或变速器换挡时,离合器使发动机和传动装置分离,可保证发动机无载起动、平稳起步和顺利变换速度,并可以防止传动装置超载。

由于叉车、牵引车等搬动机械作业工况的特殊性,对机动性要求很高,离合器经常需要分离、接合的次数远比普通车辆多。因此,内燃叉车、牵引车离合器摩擦片的磨损速度较快,同时也要求在设计时要充分考虑离合器的使用寿命。

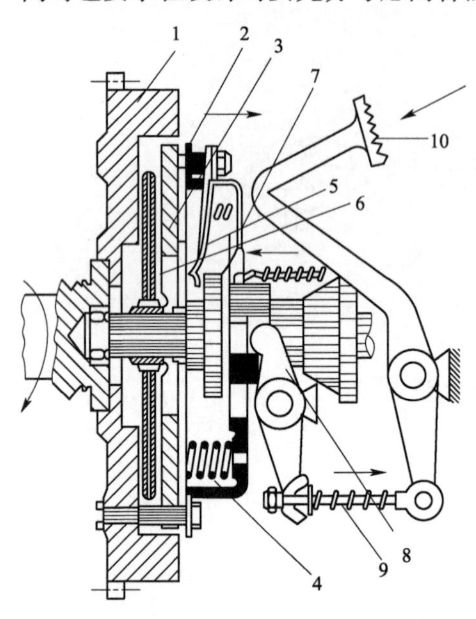

图2-8　单片离合器

1-飞轮;2-离合器盖;3-压盘;4-压盘弹簧;5-分离杠杆;6-离合器片;7-分离轴承;8-分离叉;9-踏板拉杆;10-踏板

离合器的分类方法很多。按照摩擦面的形状,有将摩擦面做成平面、从动件做成圆片状的片式离合器。其中,按照从动盘的数目,又可分为单片离合器(图2-8)和双片离合器(有两个从动盘的离合器)。按压紧弹簧的形式,有螺旋弹簧离合器和膜片弹簧离合器;按摩擦表面的工况不同,又可分为干式离合器(摩擦表面是干燥型)和湿式离合器(摩擦表面浸在油液中工作或有润滑喷射的离合器)。目前,在物流搬运机械的机械式传动系统中,单片、干式、螺旋弹簧离合器使用最为常见。

摩擦式离合器由主动部分、从动部分、压紧装置和操纵机构等四个基本部分组成。主动部分是与飞轮经常连接的零件,主要有飞轮、压盘、离合器盖等;从动部分是与变速器输入轴经常连接的零件,主要是离合器片;压紧装置是对摩擦表面起压紧作用的零件,如压盘弹簧等;操纵机构是操纵离合器工作,使离合器起分离作用的零件,主要有分离轴承、分离叉、分离杠杆、踏板拉杆、踏板等。

(2)离合器工作原理。

如图2-9所示,离合器在接合时,发动机的转矩由曲轴传出,带动飞轮旋转。由于压盘弹簧4的作用,表面由摩擦材料组成的离合器片5紧紧地压在飞轮1的端面上。所以飞轮转动时离合器片两面的摩擦力就带动通过花键与离合器片连成一体的变速器轴11旋转,这样就将发动机的动力传到了变速器轴11上。

当车辆行驶阻力突然增大,超过离合器片摩擦力总和时,离合器片与飞轮及压盘之间就会产生相对滑动,摩擦片可能会迅速升温磨损甚至烧坏,发动机动力就无法传向变速器,从而避免传动系其他零件的破坏。

当踩下离合器踏板,通过拉杆拉动分离拨叉绕支点转动,其另一拨动端部装有分离轴承8的分离轴承座向左移动,并推动分离杠杆7的内端同时向左。由于分离杠杆外端与压盘铰接在一起,而中部支点与离合器盖2铰接,所以当分离杠杆7内端向左移动时,外端就带着压盘3克服压盘弹簧4的弹力一起向右运动。这样,从动盘两边的压紧力消失了,摩擦力也不复存在,发动机转矩不能传入变速器,离合器就处于分离状态。

当松开踏板,踏板返回原处,压盘在压盘弹簧作用下又紧紧地将从动盘压紧在飞轮端面上,离合器又恢复接合状态。

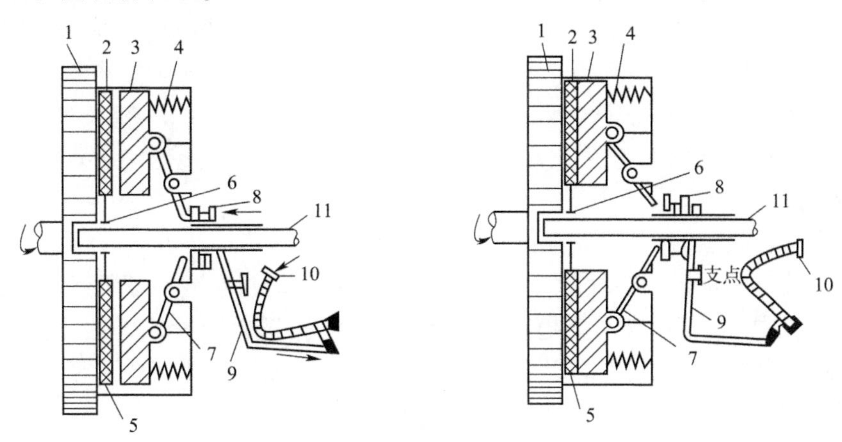

图 2-9　离合器工作原理图

1-飞轮;2-离合器盖;3-压盘;4-压盘弹簧;5-离合器片;6-从动盘毂;7-分离杠杆;8-分离轴承;9-分离叉;10-离合器踏板;11-变速器轴

2. 变速器

叉车在行驶中和作业时,由于路面情况和载荷不同,车辆所受行驶阻力经常在变化,而且变化范围相当大,这就要求驱动轮的转矩也要做相应改变。设置变速器的目的就是力求扩大车轮轮周牵引力变化范围,以适应各种道路和载荷情况下起步、爬坡和高、低速度变换的要求。在保持发动机顺转的情况下,实现叉车的前进与倒行。叉车起动或暂时停车时,变速器挂入空挡,便于发动机的起动或怠速运转,并能满足在各种工况下的运行,而且保证发动机在最有利的工况范围内工作。

根据变速器传动比的变化,一般可分为有级变速和无级变速两大类。有级变速器具有若干个挡位,每一个挡位有固定的传动比。它又可分为滑动齿轮式、啮合套式和同步器啮合式多种。它们都是通过齿轮传动的,可改变输出轴转速或旋转方向,故统称为机械式变速器。无级变速器能使传动比在一定范围内连续无级变化,一般由液力变矩器和机械式变速器两部分组成。

(1)机械式变速器。

啮合套式机械式变速器较为典型,目前用于 CPC-2 型叉车上,变速器共有 4 根轴,输入轴与输出轴不在同一轴线上。所有齿轮都是斜齿啮合齿轮,空挡时所有齿轮都不转动。在拨动啮合套时才使齿轮与轴连接。当拨动输入轴上的啮合套向左或向右移动时,可以改变输出轴的旋转方向,即改变叉车的运行方向。拨动输出轴上的啮合套向左或向右移动时,可以改变传动比,即所谓换挡,改变叉车的运行速度。换向和换挡的工作过程均由各自的拨叉与手柄操纵实现,此变速器前进与后退各有两个挡。

(2)液力变矩器和动力换挡变速器。

现代叉车广泛采用液力传动,它是一种以液体为工作介质、以液力传递为动力的传动装置,其中液力机械传动较为普遍,它是由液力变矩(扭)器和动力换挡变速器联合作用。液力变矩器是叉车液力传动装置的一种主要部件,也是液体动能进行能量转换和传递的液力部件。

液力机械传动的特点是能适应外界阻力的变化,在一定范围内能自动实现无级变速、变矩,减少变速器挡数和换挡次数,提高叉车平均行驶速度和作业效率。可减轻操作人员的劳动强度,提高叉车的作业率与作业质量。油液本身就是润滑液,便于各液压件自身的润滑。由于油液不断流动,可及时带走摩擦产生的热量,简化了叉车的维护,延长了机件的使用寿命。采用液力机械传动的叉车可以任意小的速度行驶,使车轮与地面的附着力增大,减少打滑,提高通过性。

3. 万向传动轴装置

如果变速器和驱动桥距离较远,采用万向轴可以把发动机和变速器的运动传给驱动桥。

在车辆行驶中,由于减速器会随轮胎上下跳动,弹性悬架装置的弹性元件也在不断变形,这造成变速器输出轴与主减速器主动齿轮轴线相对位置不断改变。两者如果刚性连接,则必然会造成传动元件损坏。而万向传动轴由于带有万向节和伸缩节,故在传动中不会受变速器轴出轴与主减速器主动齿轮相对位置变化的影响。

在小型叉车、牵引车中,由于车身较短,变速器输出轴可以直接和驱动的输入轴连接;在起重量较大的叉车中,则可采用万向传动轴连接变速器和驱动桥。万向传动轴的功能是将变速器传来的动力传给主减速器主动齿轮,经差速器和半轴使车轮旋转。

4. 驱动桥

叉车驱动桥一般由主减速器、差速器、半轴、制动器、车轮和桥壳等组成。驱动桥因结构不同一般分为带轮边减速器与不带轮边减速器两种。起重量为0.5~4.5t的叉车通常采用不带轮边减速器的驱动桥,制动器也与汽车一样设置于轮辋内。

驱动桥的功用是将发动机经变速器传来的动力传给驱动轮。其具体作用包括:通过主减速器和轮边减速器进一步降速、增矩;通过主减速器改变转矩传动方向;通过差速器自动调节左右驱动轮的转速,使车轮实现线性滚动;通过桥壳承受车体及货物的各种力并传给车轮。

驱动桥主传动器采用单级低速的螺旋锥齿轮传动,其主、被动螺旋锥齿轮、行星齿轮和半轴齿轮均是轻型载货汽车配件,半轴为全浮式,蹄式制动器装在两端轮辋内。

驱动桥差速器通常由差速器壳、半轴齿轮、行星齿轮、行星齿轮轴等组成。叉车在运行和作业过程中,由于转弯或路面高低不平,在同一时间内左右驱动车轮所走过的距离是不相等的。其次轮胎直径有差别,或是充气气压不等,或是磨损程度不同,则两侧驱动轮的滚动半径就不相等。因此,即使叉车沿直线运行,而且道路完全相同,在同一时间内两侧车轮滚动的距离也不相同;若要两车轮滚动的距离相同,则车轮的转速就应有差别。差速器的作用就是保证无论车轮的转速相同或不同,叉车在不同情况下均能直线运行,并达到不同条件的运行要求。

二、行驶系

行驶系的功用是将车辆各部件组合成一个整体,承担车辆重量,并且通过驱动轮与路面间的附着作用,产生路面对驱动轮的驱动力,以保证车辆正常行驶。轮式车辆行驶系一般由车架、驾驶室(护顶架)、车轮、悬架装置等组成。

1. 车架、驾驶室

车架是全车的装配基体,它将车辆各相关总成连接成一个整体。常用的车架一般都由型钢和钢板经铆焊而成，有些车架还装有由铸铁等组成的平衡重块。

应当指出，像叉车这种高起升的起重运输车辆，其护顶架通常不允许拆除。因为它对司机起重要的安全保护作用。

2. 车轮

车轮是轮式车辆行驶系中的重要部件，其功能是支撑整车重量，缓和由路面传来的冲击力，并通过轮胎与路面的附着作用来产生驱动力和制动力。

车轮由轮毂、轮辋和轮胎构成。轮毂常用铸钢、锻钢或球墨铸铁等材料制成，用以安装轮辋并通过半轴将轮胎与传动系联系起来。轮辋俗称钢圈，起支撑轮胎的作用。

机动车辆轮胎由橡胶制成，橡胶中间夹有棉线、尼龙线或钢丝编织成的帘布以增加强度。轮胎从构造上可分为充气轮胎、实心轮胎和半实心轮胎三类。充气轮胎由于缓冲性能好，在机动车辆上得到广泛应用。半实心轮胎内部充填有海绵状橡胶，由于有较高的承载能力，不怕扎且有相当弹性，因而在某些特殊的作业场所和工程机械上得到广泛的应用。至于实心轮胎，由于缓冲性能较差，一般应用在速度较低的机动车辆或人力车辆上。

3. 悬架装置

车架与车桥之间传力的连接装置总称为悬架装置。它的功用是把路面作用于车轮上的力以及这些力的反力传到车架上，以保证车辆正常行驶。

机动车辆悬架装置有刚性和弹性两类。对于叉车这种低速作业车辆，一般都采用刚性连接的悬架结构。

三、转向系

机动车在行驶过程中，经常需要改变行驶方向，因而机动车辆均设置有一套为改变车辆行驶方向或保持直线行驶，并便于司机操纵的机构，这就是车辆的转向系。叉车一般用于货场、仓库内进行装卸作业或短途运输，操作场地小且转向频繁，常需要原地转向。因此，叉车对转向的要求比其他机动车辆更高。要求其转向轻快灵活，转角大、转弯半径小。

常见的叉车转向系按照转向所用能源，分为机械转向系统（人力转向系统）和动力转向系统两大类。机械转向系统由转向盘、机械式转向器、转向器垂臂和纵向拉杆组成。由于机械转向系统完全依靠司机的体能来操纵转向，克服转向阻力矩，故司机劳动强度较大。全液压动力转向系统由转向盘、全液压转向器和转向液压缸等部分组成，其结构如图2-10所示。变换叉车行驶方向时可通过转向盘和转向节臂操纵全液压转向器，驱动转向液压缸，使转向三边板转动，再通过横拉杆使转向轮改变方向。

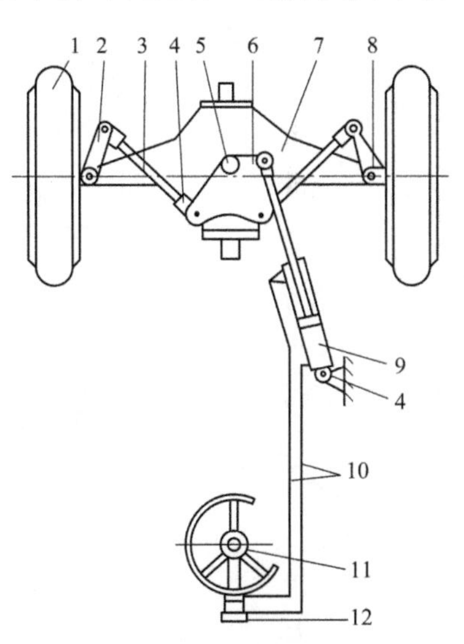

图2-10　全液压转向系统

1-转向轮；2-转向节臂；3-横拉杆；4-球头销；5-轴销；6-摆板；7-转向桥体；8-主销；9-转向液压缸；10-油管；11-转向盘；12-全液压转向器

动力转向系统与机械转向系统不同之处在于：推动转向轮偏转的元件不是机械式转向器和一套杠杆传力系统，而是液压油缸；转向动力不是源于司机的体力，而是由发

动机或其他动力带动的油泵输出的压力油;液压转向器只起液压阀的作用。

叉车空载时,转向桥负荷约占车重的60%,为了减轻司机的劳动强度,起重量2t以上的叉车趋于采用动力转向(液压助力转向或全液压转向)。动力转向结构紧凑,操作轻便,动作灵敏,有利于提高叉车的作业效率,油液还可以缓冲地面对转向系的冲击。目前叉车主力机型CPCD30型、CPD15型叉车均采用全液压动力转向系统。

四、制动系

尽可能提高机动车行驶速度,是提高运输作业生产率的主要技术措施之一,但必须以保证行驶安全为前提。因此,机动车辆必须具有灵敏、可靠的制动系统。强制使行驶中的机动车减速甚至停车,使下坡行驶的机动车速度保持稳定,以及使已停驶的机动车稳定不动,这些作用统称为制动。车辆的制动方法很多,比较常见的是利用机械摩擦来消耗车辆行驶中的动能而产生制动。而使机动车辆产生制动作用的一系列装置称为制动系。制动系按其作用分为两大部分,即用来直接产生作用的制动器和供司机操纵制动器的操纵机构。

制动系统为前双轮制动式,它由制动主缸、制动器和制动踏板机构组成。当踩下制动踏板时,主缸内的制动液在活塞的作用下,以一定压力通过制动油管送到左右制动器轮缸,推动轮缸的活塞,迫使其向两侧移动,从而推动制动蹄片压紧制动鼓,产生制动作用。当制动踏板松开后,主缸活塞在弹簧的作用下被推回,液体压力降低,这时制动器的制动蹄片被弹簧拉回,轮缸的制动液便流回主缸而消除制动作用。

1. 制动踏板

制动踏板装置踏板运动时推动挺杆使活塞运动,使油路压力增加。如图2-11、图2-12所示。

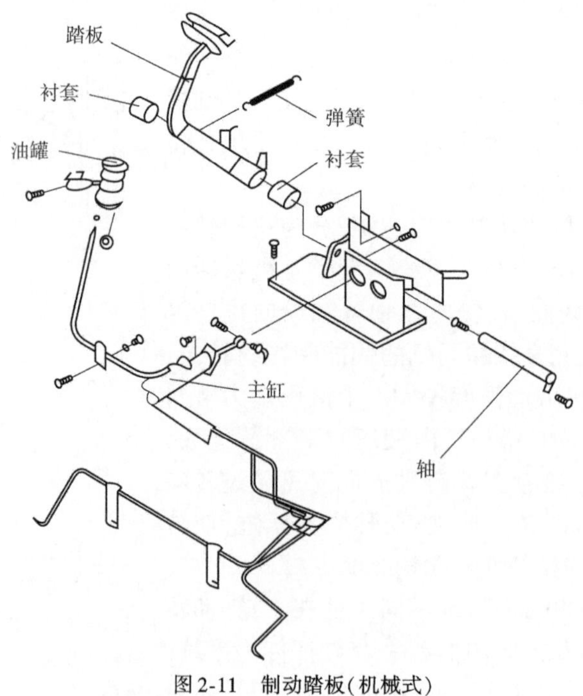

图2-11　制动踏板(机械式)

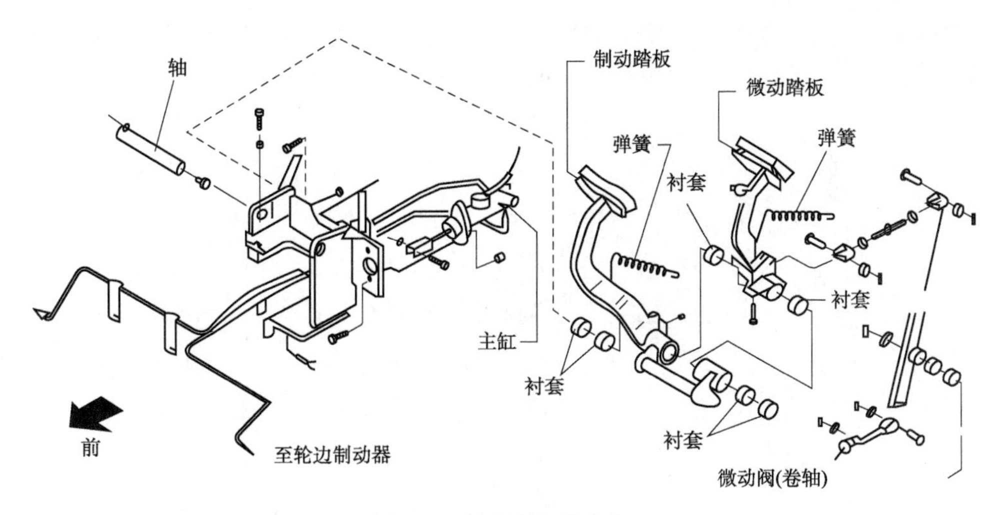

图 2-12　制动踏板(液力式)

2. 制动主缸

制动主缸(图 2-13)包括阀座、止回阀、复位弹簧,以及皮碗、活塞和辅助皮碗。端部用止动垫圈和止动钢丝固定,外部通过橡胶防尘盖进行防护,主缸活塞是借助制动踏板通过推杆来动作的。当踏下制动踏板时,推杆前推活塞,缸体中的制动液通过回油口流回到储油罐,直到主皮碗阻住回油孔为止。在主皮碗推至回油口后,主缸前腔中的制动液受到压缩并打开止回阀,从而通过制动管路流向轮缸。这样,每个轮缸活塞向外伸出,使制动蹄摩擦片和制动鼓接触,达到减速或制动的效果。此时,活塞后腔被回油口和进油口来的制动液所补充。当松开制动踏板时,活塞被复位弹簧向后压,同时各个制动轮缸中的制动液也受制动蹄复位弹簧压缩,使制动液通过止回阀返回到主缸(活塞前腔)来,活塞回到原位,主缸里的制动液通过回油口流回油箱,止回阀的压力调整到和制动管路及制动轮缸中的剩余压力成一定的比例,使得轮缸皮碗安放正确以防漏油,以及消除紧急制动时可能出现的气阻现象。

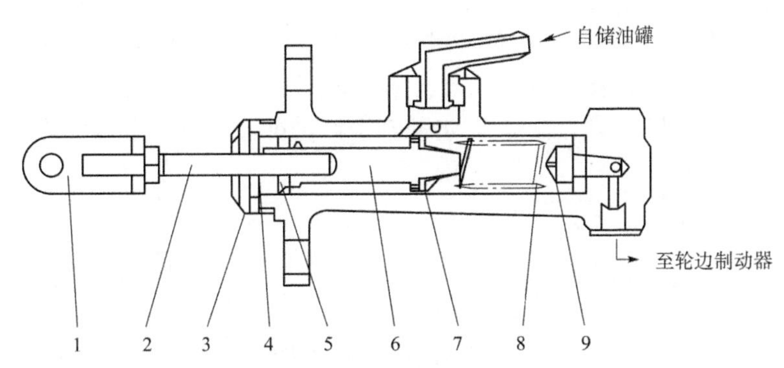

图 2-13　制动主缸

1-连接杆;2-推杆;3-防尘盖;4-弹性挡圈;5-辅皮碗;6-活塞;7-主皮碗;8-弹簧;9-止回阀

3. 车轮制动器

叉车行车制动器为带有间隙自调装置的蹄片式制动器(图 2-14),主要由制动轮缸、制动蹄、弹簧、间隙调整器和底轮等部分组成。两个制动器分别装在前桥的两端,制动蹄的一端与支撑销相连，另一端与间隙调整器相连，并被弹簧及压簧拉杆压向底板，主制动蹄上装有驻车制动拉杆。辅助制动蹄上装有自动间隙调整器的调整拉杆。

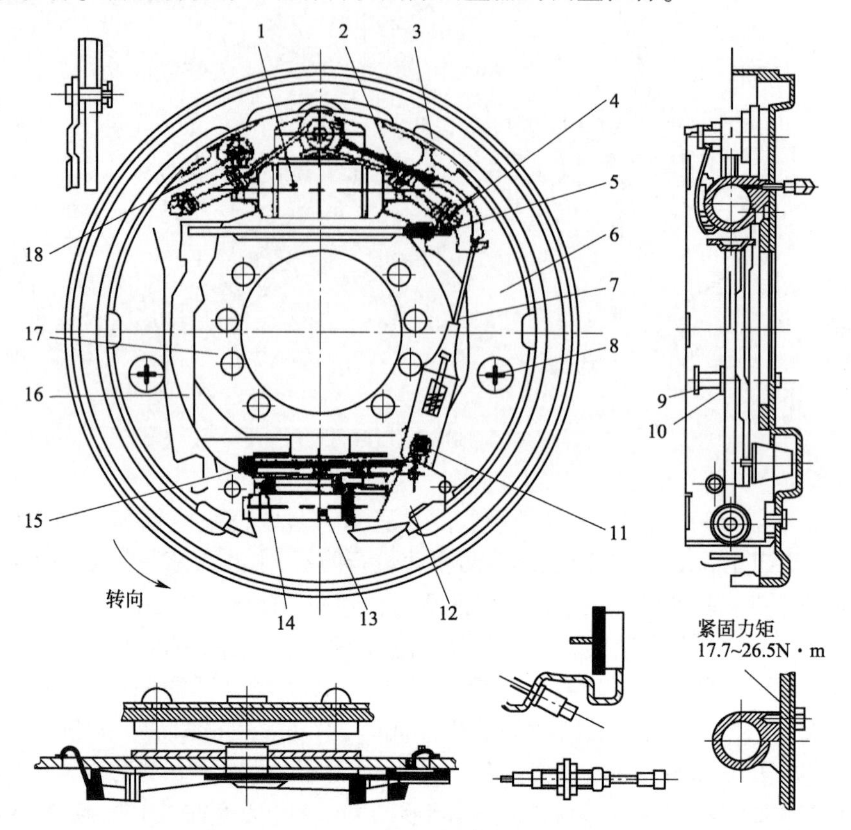

图 2-14　制动器总成

1-制动轮缸总成;2-制动蹄复位弹簧;3-摩擦片;4-弹簧;5-驻车制动推杆;6-制动蹄;7-弹簧拉索装置;8-压簧拉杆;9-压簧座;10-压簧;11-弹簧;12-棘爪;13-间隙调整器总成;14-复位弹簧;15-制动拉索;16-驻车制动拉杆;17-底板;18-销钉

蹄式制动器工作原理如图 2-15、图 2-16 所示。前行中制动，通过操作制动轮缸，主制动蹄和辅助制动蹄分别受到大小相等、方向相反的两个力的作用，使得摩擦片与制动鼓接触，主制动蹄借助摩擦片与制动鼓间的摩擦力压到调整器上。由此，间隙调整器产生了一个比用来操作轮缸更大的力推动辅助制动蹄，迫使辅助制动蹄上端以一个强大的力压向支撑销，

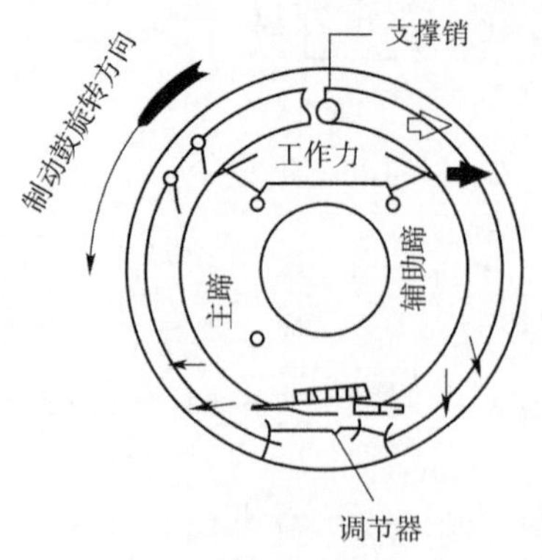

图 2-15　制动器前行动作

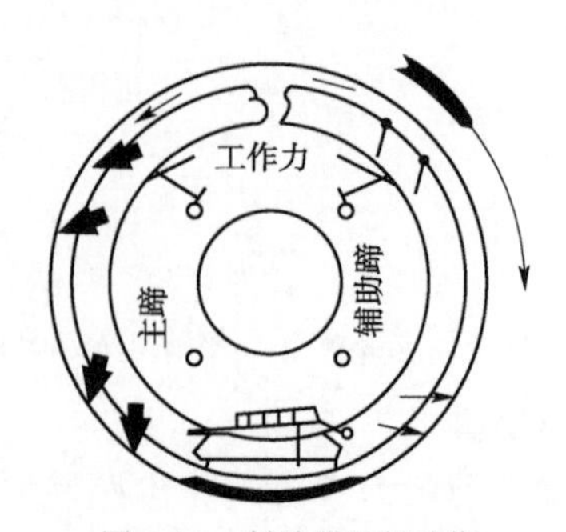

图 2-16　制动器后行动作

从而得到较大的制动力。另一方面，倒行中的制动动作是反向进行的，但制动力与前行时相同。

4. 停车制动器及停车制动手柄

叉车停车制动器（图 2-17）是机械内胀式，内置于车轮制动器上，它与行车制动器共用制动蹄与制动鼓。当拉动停车制动手柄时，闸把通过制动拉索带动驻车制动拉杆，该拉杆借助起转轴作用的销钉向左推动制动推杆，使制动蹄压向制动鼓，制动力可以通过调整停车制动手柄（图 2-18）的拉力改变。

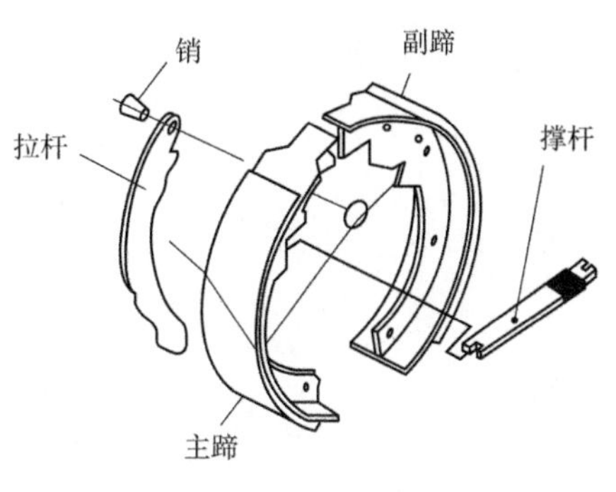
销
副蹄
拉杆
撑杆
主蹄
图 2-17　停车制动器

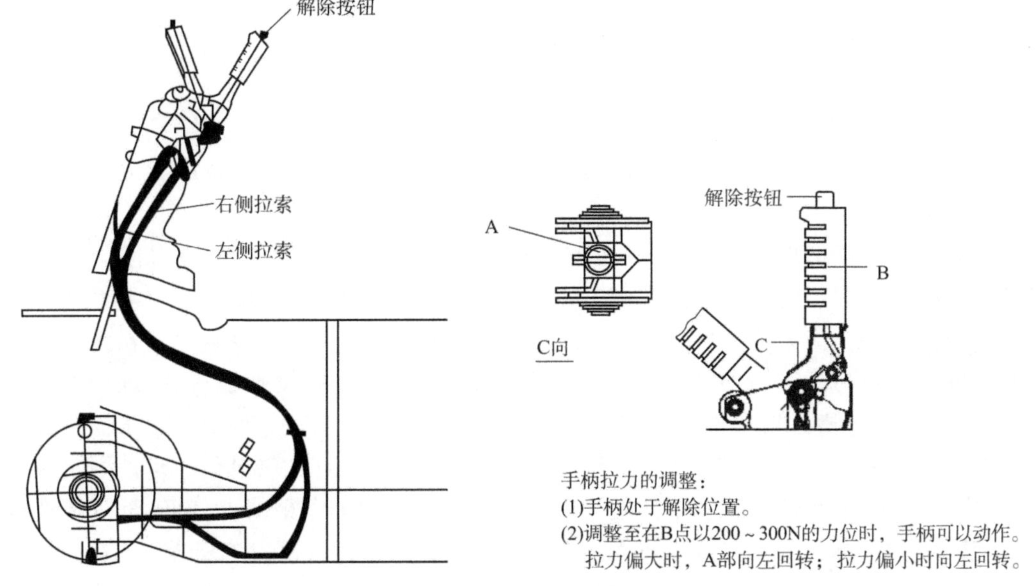
解除按钮
右侧拉索
左侧拉索
A
C向
解除按钮
B
C
手柄拉力的调整：
(1)手柄处于解除位置。
(2)调整至在B点以200～300N的力位时，手柄可以动作。
拉力偏大时，A部向左回转；拉力偏小时向左回转。
图 2-18　停车制动手柄

任务三　叉车的工作装置

叉车工作装置是指位于叉车前面，通常由液压缸推动可带着货叉升降和倾斜的一套装置，俗称门架系统。叉车的门架系统是区别于其他工程车辆的主要特征机构。叉车进行装卸搬运作业时，其工作装置直接承受全部重量，并完成货物的叉取、搬运、升降、堆垛、卸放等作业。因此，它是叉车的重要组成部分。

一、工作装置的组成与作用

叉车工作装置（图 2-19）由外门架、内门架、货叉架、货叉及起重链条、滚轮、升降油缸和倾斜油缸等组成。起重链条一端固定在升降油缸筒或车桥铰接的外门架上，另一端为活动端，与可上下运动的货叉架固定。因此工作中，当升降油缸顶起装有链轮的横梁时，链条的活动端带着安有货叉的货叉架也同时上升，并且起升速度是油缸活塞杆起升速度的 2 倍。而当油缸内液压油路与油箱相通，则依靠叉架、货叉及货物的重量叉架会自行下落。

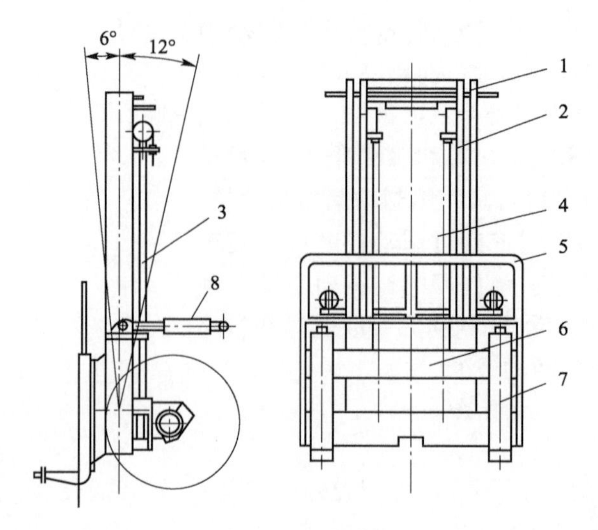

图 2-19　工作装置

1-外门架;2-内门架;3-升降油缸;4-链条;5-挡货架;6-货架叉;7-货叉;8-倾斜油缸

1. 门架

目前,常用的门架形式有三种:基本型门架、二节全自由门架和三节全自由门架。为使叉车整车高度较小,以便于通过库门或车间大门,门架均做成伸缩式的二节门架系统。对于起升高度特别高的,门架往往做成三节,即由内、中、外三个门架构成一套门架系统。外侧是固定不动的一节门架,称为外门架。它的底部通过门架支座与驱动桥连接,中部通过倾斜油缸与车架连接。内侧是相对外门架可以运动的一节门架,称为内门架;货叉安装在货叉架上,连同货叉架一起相对内门架作上下运动;起升油缸的底部通过螺栓和固定销固定在外门架的底板上,油缸上端伸出的活塞杆通过螺栓固定在内门架的上横梁上,链轮轴焊接在内门架的上横梁后侧,链轮安装在链轮轴上,位于内门架内侧。绕过链轮的链条,一端连接货叉架,另一端固定在外门架上,其中可调节链条长度的一端固定在外门架上。外门架上端焊接滚轮轴,并留有安装侧滚轮的位置。内门架的下端焊接滚轮轴,并留有安装侧滚轮的位置。货叉架的立柱板的两侧各焊接3个滚轮轴,并留有安装两组侧滚轮的位置。在滚轮轴上分别安装滚轮及侧滚轮,在起升油缸的作用下,内门架相对外门架、货叉架相对内门架之间的运动全部通过滚轮实现上下滚动升降运动,其中主滚轮承受前后方向的载荷,侧滚轮承受侧面载荷,从而使内门架和货叉架运动自如。如图 2-20 所示。

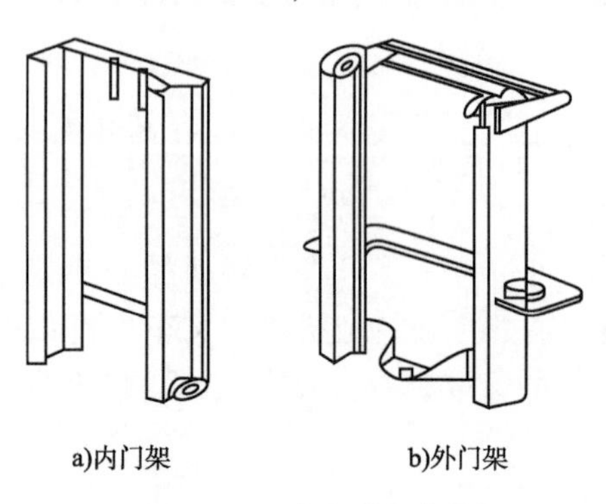

图 2-20　叉车内、外门架结构

2. 货叉架

货叉架又称为滑架,用于安装货叉或其他属具,带动货物沿内门架升降,并承受全部货重。货叉架两侧立柱板上各装有 3 组滚轮和 2 组侧滚轮,链条与货叉架相连,在滚轮的导向作用下,货叉架在内门架内侧上下运动。货叉架是直接承载货物的构件,货叉装在货叉架上,两货叉间距可根据作业需要予以调整。货叉架分为挂钩式货叉架和轴套式货叉架两种形式。

挂钩式货叉架为板式结构，货叉的上下挂钩尺寸均应符合国家标准，以便货叉和其他属具能方便互换。如图 2-21a）所示，A 处开口便于装拆货叉，B 处开口用于货叉横向定位，6t 以下的叉车几乎全部采用这种结构。

轴套式货叉架在结构上允许单个货叉向上摆动一个角度。在不平地面工作的叉车和货物在横向相差一个角度时，货叉的摆动能起到补偿作用。另外，在货叉轴的下方平行方向安装螺杆，可以人为转动螺杆，方便调整货叉位置，此处也可安装液压缸用动力移动货叉。所以它在越野叉车和大吨位叉车上得到广泛应用。如图 2-21b）所示。

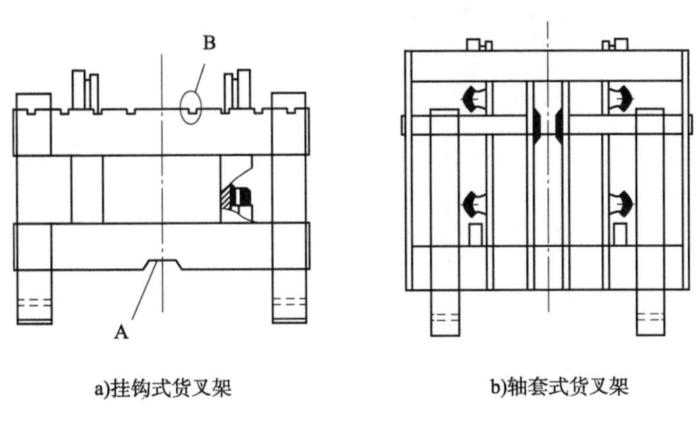

a)挂钩式货叉架　　b)轴套式货叉架

图 2-21　货叉架结构

3. 货叉

货叉在叉车上一般是成对作用，主要有挂钩式和轴套式两种。它们的垂直段用以和叉架相连接，水平段用以支承货物；水平段的前端做成楔形便于插入货物的底部，挂钩式货叉的上部有定位销，用于固定货叉在叉架上的横向位置。货叉的主体是锻造而成，对于防爆型叉车的货叉，还需经过特殊工艺处理，以减少叉货时产生的静电。

4. 起升油缸和倾斜油缸

叉车上所用的油缸一般有起升油缸、倾斜油缸，目的是通过油缸把液体的压力能转换成机械能，输出到工作装置上去，以实现货叉的起升下降、门架的前后倾斜等动作。

如图 2-22 所示，大多数叉车的起升油缸采用单作用活塞式液压油缸，由缸体、活塞及活塞杆、缸盖、切断阀、密封件等组成，缸头装有钢背轴承和油封，以支承活塞杆及防止灰尘进入。当多路换向阀的升降滑阀置于上升位置时，液压油从分流阀到换向阀进入油压缸活塞下部，推动活塞杆上升，货物被举起；当多路换向阀的升降滑阀置于下降位置时，在货物、门架、货叉架及活塞本身质量的作用下使活塞杆下降，液压油被压回到油箱。在缸体底部装有切断阀，若门架升高，高压管破裂，可起安全保护作用。

叉车外门架的两侧，一般安装有两只活塞油缸，其后端与车体铰接。此两油缸主要用于使门架前后倾斜，以利于货物装卸和防止货物在叉车运行过程中掉落。如图 2-23 所示，倾斜油缸的缸底通过销轴与车架连接，油缸活塞杆耳环通过销轴与门架连接。倾斜油缸主要由活塞、活塞杆、缸体、缸底、导向套及密封件组成。活塞和活塞杆采用焊接结构，活塞外缘装有一个支承环和两个 Y 形密封圈，在导向套内孔压配有轴套并装有 Y 形密封圈、挡环及防尘圈。此轴套支承着活塞杆，密封圈、挡环及防尘圈可止漏油和防尘，同 O 形圈一道旋到缸体上。当活塞移动时，从一口进油而从另一口出油，活塞杆备有调节螺纹，以调节倾角之间的差数。当倾斜滑阀前推时，高压油从油缸缸底进入，从而推动活塞向前使门架前倾；当倾斜滑阀后拉时，高压油从缸体前端进入，推动活塞向后，直到门架后倾到位为止。

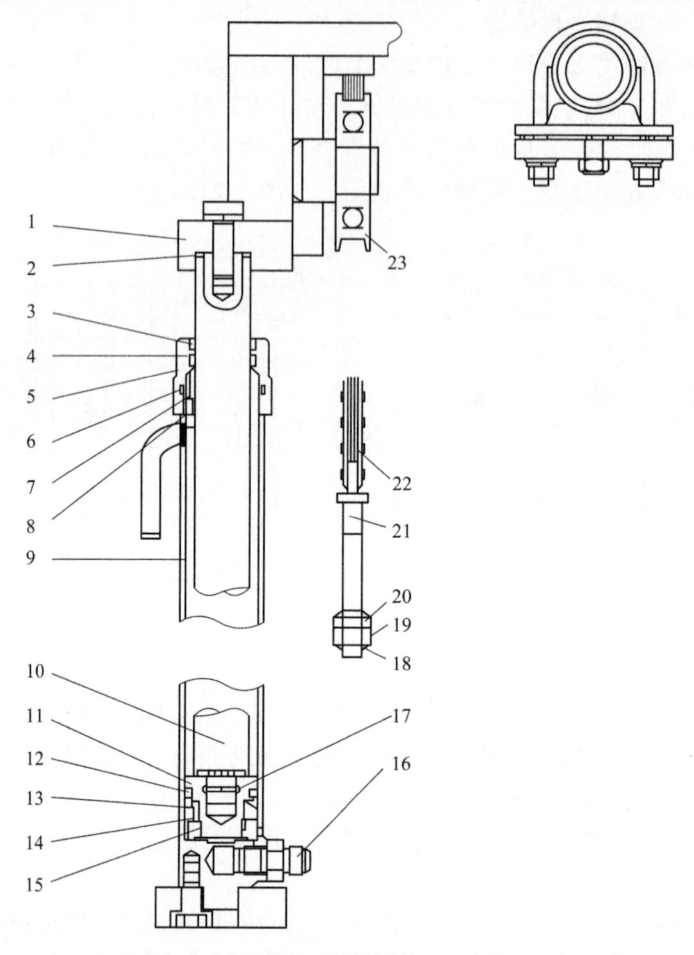

图 2-22　起升油缸

1-上横梁；2-调整垫；3-防尘圈；4-油封；5-导向套；6-O 形圈；7-缸头；8-钢背轴承；9-缸体；10-活塞杆；11-活塞；12-活塞油封；13-油封；14-座圈；15-弹性挡圈；16-切断阀；17-弹簧锁圈；18-开口销；19-锁紧螺母；20-调节螺母；21-端接头；22-链条；23-链轮

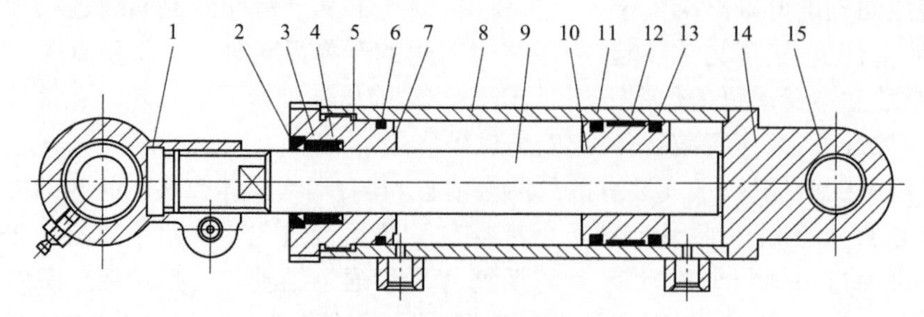

图 2-23　倾斜油缸

1-耳环；2-防尘圈；3-挡环；4-Y 形密封圈；5-导向套；6-O 形圈；7-钢背轴承；8-缸筒体；9-活塞杆；10-活塞；11-Y 形密封圈；12-支承环；13-Y 形密封圈；14-缸底；15-钢背轴承

二、叉车附属装置的种类与使用

叉车除了使用货叉作为最基本的通用工作属具之外，还可以根据用户需求，开发配装多种工作属具，用于特种物品和散料的装卸搬运作业。目前人们越来越重视叉车的工作效率及其安全性能。叉车配装属具能提高其工作效率及安全性能，并大大降低其破损程度。

叉车附属装置简称为叉车属具，是为了扩大叉车作业范围而配装的各种工作装置。由于叉车使用场合、装卸货物的不同，普通货叉因叉取功能的单一性而无法满足在诸多作业环境中的需要。叉车属具的合理应用使叉车成为具有叉、夹、升、旋转、侧移、推拉或倾翻等多用途、高效能的物料搬运工具，极大地拓展了叉车的使用范围，提高装卸效率，促进了物料搬运业自动化发展水平的提高。合理的认识和选择属具可以大大降低劳动强度，并且减少叉车需求量，从而节省叉车购置费用。

（一）叉车属具种类

近年来由于叉车属具品种规格发展得越来越全，功能越来越多，性能越来越稳定，价格也越来越便宜。广泛使用的属具有30多种。叉车能根据搬运物品的特殊需要，配备专门设计的属具。叉车属具按作业的基本功能来分，一般有以下几类。

1. 夹持类属具

（1）纸箱夹（图2-24）：用于纸箱包装物（如电冰箱、电视机、洗衣机等）的无托盘搬运和堆垛作业，其整体式夹臂和薄型接触垫可减少纸箱破损。

图2-24 纸箱夹

（2）纸卷夹（图2-25）：采用圆弧形夹臂结构来夹持纸卷。

图2-25 纸卷夹

（3）软包夹（图2-26）：夹臂轻巧，可轻松切入软包堆垛中，适用于棉花、羊毛、织物、烟草制品和其他同类产品的搬运。

（4）桶夹（图2-27）：广泛应用于石油化工行业，夹臂配弧型橡胶垫以保护桶表面。另外可根据货物的尺寸选择属具规格。在整车承载能力、属具自身承载能力满足的情况下,选择的张臂范围(即属具规格)尽可能多夹持货物,从而提高工作效率、节约费用。

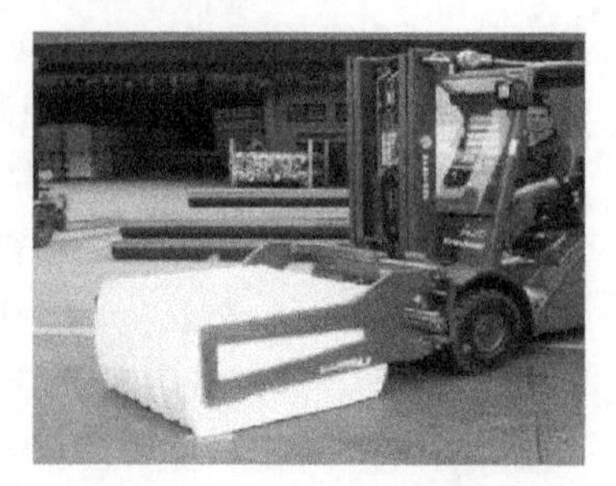

图2-26 软包夹

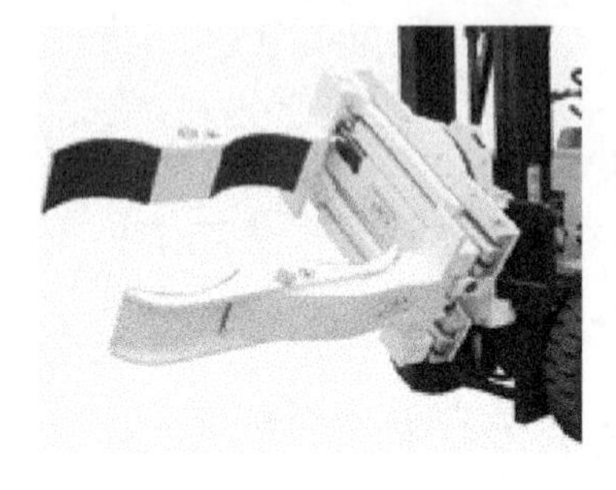

图2-27 桶夹

(5)多用钢臂夹(图2-28):夹持部位采用橡胶板,防止对货物造成损伤。适用于纸箱、烟箱、金属箱、木箱等各种软硬包装物的无托盘搬运。

图2-28 多用钢臂夹

(6)载荷稳定器(图2-29):适用于在搬运较重且体积庞大的货物,或堆码不稳定的货物。为防止叉车运行中货物掉落,可将货物压紧在托盘或货叉上。目前广泛应用于食品、饮

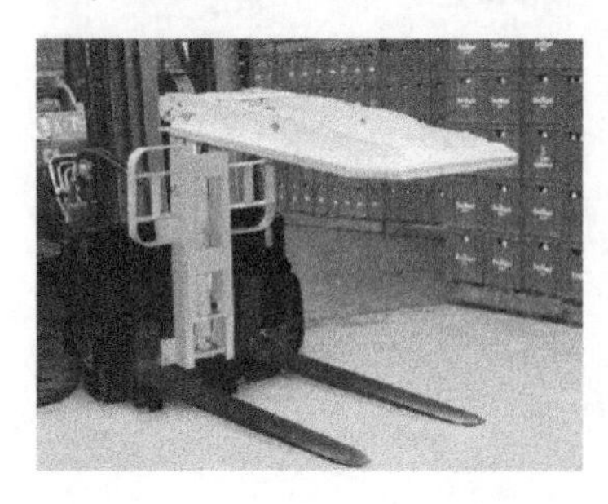

图2-29 载荷稳定器

料、进出口贸易等行业，特别适用于易碎品的搬运及堆垛作业。无须拆装可直接使用叉车，提高工作效率。

夹持类属具往往需通过调压阀设定不同夹紧力，即可使货物不会掉落，又不会因压力过大而夹坏货物，使货物夹持更安全。无托盘搬运的设计能节省装卸费用，节约工作时间及存储空间。无托盘货物作业类属具（推拉器、纸箱夹），多用于仓储、港口、食品、家电、化工、烟草等行业。

2. 旋转类属具

旋转器可回转360°，用以调整货物位置，以便于存放。旋转器与旋转抱夹（图2-30）相配装，可将货物倒置、旋转，或从一个托盘转置到另一个托盘上。它适于翻转罐装、瓶装的食物，以及牛奶、化学品、化肥、油漆及其他易沉淀物，倾倒未封口的纸箱、翻转堆叠的层状胶合板等，能使所装物品迅速翻转到合适的角度，便于减轻及节省物料翻转作业时所需的大量作业。

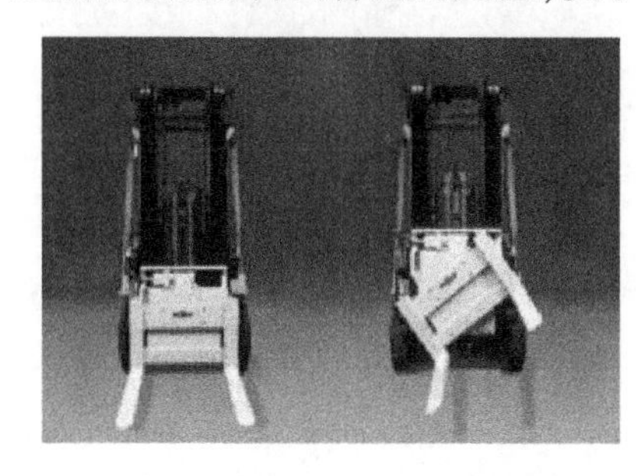

图2-30　旋转器与旋转抱夹

3. 移动式属具

（1）侧移叉（图2-31）：具有侧移对位功能，当叉车使用在狭窄空间或集装箱内时，叉车无须来回倒车，便可实现快速便捷地对托盘上货物进行左右双向侧移，实现准确对位。

图2-31　侧移叉

（2）前移叉（图2-32）：主要用于装卸叉车无法贴近处的货物。

图2-32　前移叉

(3)调距叉(图2-33):适用于机械、港口、陶瓷、建材、农业等无规则货场及无规定托盘的各种场合,通过液压调整货叉间距,实现搬运不同规格托盘的货物,无须操作人员手动调整货叉间距,减轻操作人员的劳动强度,提高工作效率,降低托盘及货物的破损。

图2-33　调距叉

(4)推拉器(图2-34):适用于搬运置于滑板上的货物。其特点在于采用廉价的滑板(纸板、纤维板或塑料板制造而成)代替传统的托盘,解决托盘存放空间问题,通过夹持滑板进行推拉动作,实现单元货物的装卸搬运作业。

图2-34　推拉器

4. 起吊类属具

叉车有时需装卸单件笨重货物或者特别长大的物品,此时可以在叉车货架上安装如起重臂、吊钩等(图2-35),依靠货叉架的上下运动,使叉车临时充当吊车使用。

图2-35　起重臂

如安装集装箱吊具(图2-36),可用以搬运大型集装箱。

5. 其他类属具

(1)串杆(图2-37):可搬运钢丝卷、卷板、轮胎和水泥管段等圆环状的货物。

图 2-36 集装箱吊具

图 2-37 串杆

(2)倾翻叉(图 2-38):上倾 35°、下倾 50°,合计 85°的大倾斜角度,确保牢固抓住货物,可安全高效向前倾倒容器内的散装货物,适用于运输业、仓储业、纸浆业。

(3)铲斗(图 2-39):配置铲斗,可铲运、装卸、搬运各种疏松货物、散料等,如砂子、煤、谷物、肥料、土块和碎砖块等。

图 2-38 倾翻叉

图 2-39 铲斗

叉车属具是发挥叉车一机多用的最好工具,在货叉为基本型的叉车上较方便地更换多种工作属具,使叉车适应多种工况的需要,具有特殊的搬运功能。叉车属具作为物流密不可分的组成部分,其在设计和制造方面也朝着专业化和高效化的方向发展。

(二)属具的主要部件及安装

1. 属具的主要部件

(1)固定部件:支架等。

(2)工作部件:夹臂、吊钩、斗件等。

(3)工作油缸:各种功能油缸(侧移油缸、夹紧油缸、旋转油缸等)。

(4)属具管路系统:无附加油路的属具不需要。

2. 安装定位

为保证属具在使用过程中不会沿着叉车货叉架左右滑动,造成安全问题,一定要使安装定位合理、可靠、安全。在属具挂装后,对有上钩挡块的应让其嵌入上横梁的缺口内,使属具中心线与货叉架中心线的偏移量小于50mm,否则会影响叉车的横向稳定性;对旋转功能类属具(纸卷夹、软包夹、多用钢臂夹、桶夹)挂装后,在货叉架上横梁与属具相连接处的两侧加焊止动块,以防止属具操作过程中的左右侧滑现象发生;在有下钩定位的属具安装时,应适当调整下钩与货叉架下横梁处的配合间隙。

(三)属具选择注意事项

1. 安装等级必须相同

属具在叉车配装时需注意安装等级必须相同。我国各叉车厂家生产的各吨位货叉架严格按照GB/T 5184—2008《叉车　挂钩型货叉和货叉架　安装尺寸》标准设计。因此在选择属具时,只要使所选属具安装等级与货叉架安装等级相同,那么叉车与属具(进口或国产)安装匹配就没有问题。

2. 承载能力

在考虑承载能力是否满足用户需求时,首先考虑所选的属具承载能力是否满足用户所需起重量,其次考虑整车综合承载能力能否满足。属具承载能力可从属具厂家提供样本查得,整车综合承载能力可通过计算得到。

整车综合承载能力是属具与叉车匹配的一个至关重要的参数。属具与叉车匹配后,由于属具的自重和载荷中心前移等因素,整车承载能力将会下降。因此,在选择属具型号和叉车吨位时,必须进行整车综合承载能力的计算,在满足用户起重量需求的情况下,尽量进行最合理、最经济的匹配。

此外,用户还可以通过对其以下几点进行比较,从而得到合理经济的叉车属具。

(1)经济性比较。一次购进成本、零配件更换成本低及保修期长。

(2)属具的操作性能及失载距比较。要求操纵便捷、设计合理并且失载距小。

(3)属具自重、水平重心等。机动性能好,要求属具体积小、质量轻、结构紧凑,相等同规格属具的额定载荷质量高。

(4)使用寿命长且故障率低、安全性高,要求无噪声、低振动。

(5)属具的生产厂家及规格型号。售前、售后技术服务到位,由于叉车厂家对部分属具不能完全了解,这就要求属具厂能够提供必要的技术支持。

任务四　叉车的电气系统

一、内燃叉车电气系统的组成

内燃叉车的电气系统(除了点火系统之外)主要由起动机、发电机、电压调节器、喇叭、灯光照明、传感器、仪表、蓄电池等组成。由于内燃叉车有两种动力源,故电气系统稍有差别。汽油叉车电气系统有点火线圈、分电器、火花塞;而柴油叉车电气系统有预热塞、预热按钮(起动与预热开关)。电气系统的控制电压多为12V,电器多为单线制,负极搭铁。整个电线束、仪表板,各类灯均采用插接件连接。

以起重量2t的柴油叉车为例,其电气系统原理如图2-40所示。其中各部分说明如下。

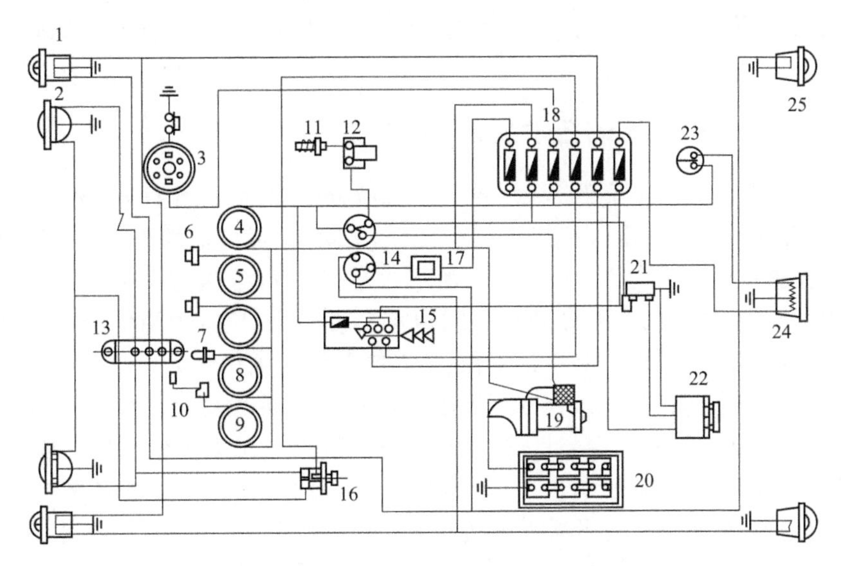

图2-40　起重量2t的柴油叉车电气系统原理图

1-前小灯;2-前大灯;3-喇叭;4-电流表;5-机油表;6-传感器;7-冷却液温度传感器;8-冷却液温度表;9-燃油表;10-传感器;11-预热塞;12-起动与预热开关;13-接线板;14-转向灯开关;15-照明灯开关;16-变光开关;17-断续器;18-熔断器;19-起动电机;20-蓄电池;21-电压调节器;22-发电机;23-制动灯开关;24-制动牌照灯;25-转向灯

(1)起动电机型号2Q2CA,电压为12V,最大输出功率为1.86kW,是串励式直流电动机,起动机与柴油机飞轮齿圈的啮合是用电磁开关控制的。在起动开关接通电路后,电磁开关使齿轮与飞轮齿圈啮合,同时接通起动机电路,从而驱动飞轮。柴油机起动后,应立即关闭起动开关电路,铁芯在弹簧作用下,起动齿轮退回原处。起动机一次连续使用时间不得超过5s,两次起动的间隔时间为2~3min以上,连续三次不能起动时,应检查排除故障。

(2)发电机型号为JF—11A,电压为14V,输出电流为25A,额定功率为350W,是硅整流交流发电机,内装6个硅整流元件,经整流后直流输出,并与FT—111电压调节器配合使用。维护时应特别注意,发电机为负极搭铁,绝对禁止将蓄电池正极搭铁,以免烧坏发电机。对发电机平时的维护,需保持风道畅通,电刷与集电环应接触良好。在使用一年后,可卸下发电机,进行清洁,更换润滑油,检查或更换电刷和整流二极管等工作。

(3)电压调节器型号为FT—111。调节器的技术参数为,半载时调节电压为13.8~14.5V,衔铁与铁芯间隙为1.4~1.5mm。在调节器发生故障时,应首先检查触点是否污染不通,不得轻易调节衔铁与铁芯的间隙和触头间隙(调弹簧)。如确需调节,应使用仪表校核。调节铁芯间隙,可以变更低载和重载时的电压调整差值,触头间隙的调整可改变调整电压的上下值。调节器的两接线柱绝不能短接,即使瞬时短接,也会烧毁接地触点。

(4)蓄电池型号为6—Q—120,电压为12V,容量为120A·h。

起动与预热开关及其运用。起动前将电门开关由“0”位置转至“1”位置(顺时针),电路接通;然后转动至起动位置(顺时针),即能接通起动机电路,起动柴油机。

电热塞和预热起动。电热塞是为了解决柴油机不易起动而设置的,预热起动是利用电热塞体在燃烧室被通电加热后,引爆混合气以促成柴油机点火起动。

起动开关不管在起动或运转位置,均通过电压调节器接通发电机磁场线圈。应当注意:

在发动机停止工作时,立即关闭电路(置于“0”位置),以切断蓄电池向发电机磁场线圈放电的回路。

二、内燃叉车电气系统的技术规范

叉车使用中,电气设备应完好有效,通电导线应分段固定、包扎良好、无漏电现象,并不得靠近发动机和排气管。通电导线接头应紧固,无松动、脱落和短路现象。电器元件的触点应光洁平整、接触良好,接线应保持清洁。所有电器导线均需捆扎成束、布置整齐、固定卡紧,接头牢固并有绝缘封套,导线穿越洞孔时也需装设绝缘封套;照明信号装置任何一个线路如出现故障,不得干扰其他线路正常工作;叉车需装设电源总开关。

交流发电机、调节器、起动机及继电器均应完好,动作灵敏可靠。分电器壳体及盖无裂损。真空调节器应齐全、完整、密封良好。电源总开关、点火开关和车灯开关必须齐全、灵敏可靠,并与所控制的动作相符。电流表、冷却液温度表及感应塞、汽油量表及汽油表浮子、机油压力表及感应塞、机油压力过低报警器等,均应齐全完好、安装正确、连接牢靠、动作灵敏、准确可信。车辆仪表应齐全有效,仪表表盘刻度清晰可见。采用气压制动的叉车,必须装设低压音响警报装置。

叉车护顶架两侧应根据需要,左右两边各安装一只(或两只)前照灯(前大灯)。前照灯由变光开关控制远光和近光,作为叉车前进行驶照明之用。前小灯包括转向灯,作运行指示或转向指示用。叉车平衡重尾部两侧各装有白色倒车灯、红色尾灯和黄色转向灯。在车架上,还装有倒车蜂鸣器。所有照明设备皆为直流12V或24V,由发电机或蓄电池供给电能。

前照灯应有足够的发光强度,光色为白色或黄色。叉车前面左右两边各安装一只示宽灯;示宽灯功率应为3~5W,显示面积应为15mm^2,光色为白色或黄色;示宽灯与尾灯同时点亮,并且在前照灯点亮或熄灭时均不得熄灭。叉车后面左右两边应各安装一只尾灯。尾灯功率应为3~5W,显示面积应为15mm^2,光色为红色。叉车后面应装设制动灯,功率为15~25W,显示面积为不小于15mm^2,光色为红色;制动灯启、闭受行车制动装置的控制。叉车左右两边应各安装一只转向信号灯;在驾驶室仪表板上应设置相应的转向指示信号;转向灯功率为10~15W,显示面积为不小于20mm^2,光色为黄色,以60~120次/分的频率亮灭;叉车夜间作业应设置倒车灯,光色为白色或黄色,倒车灯能照清15m以内的路面。

叉车安装的灯具,其灯泡应有保护装置,安装要可靠,不得因车辆振动而松脱、损坏、失去作用或改变光照方向。所有灯光开关安装牢固,开关自由,不得因车辆振动而自行开启或关闭。左右两边装置灯的光色、规格须一致,安装位置对称。照明信号装置(含前大灯、前小灯、侧灯、后灯、室灯、仪表照明灯、信号灯等)均应齐全完好。灯具玻璃颜色符合设计规定,并清晰明亮,有足够的照度。

叉车应设置喇叭,喇叭应触点光洁、平整,音响清脆、洪亮,音量不超过105dB;发电机应技术性能良好;蓄电池壳体应无裂痕和渗漏,极柱和极板、连接板的连接牢固;蓄电池表面与极柱保持清洁。各部密封良好,蓄电池电液表面应高出极板15~20mm,充电后的电液相对密度不低于1.26~1.265,如果低于1.22时必须对蓄电池进行充电。

叉车设置的熔断丝分为四挡,即R_1、R_2、R_3、R_4,每挡容量均为10A。R_1用于前照灯和示廓灯、工作灯;R_2用于转向指示灯,制动灯;R_3用于喇叭;R_4用于仪表。如因电气设备和线路故障引起熔断丝烧断,必须排除故障后,重新换上同规格熔断丝。双金属片熔断器(电流为20A)置于仪表板左下侧,若熔断器动作,应立即查明原因,排除故障,再用手按复位。

叉车应设置倒车蜂鸣器和滤油警告灯。在换向操纵杆置于倒车位置时,即接通倒车开关,使倒车蜂鸣器工作,发出蜂鸣声。如在库房内作业不需要倒车蜂鸣声时,可用脚踏控制开关来控制。滤油器滤油回路堵塞时,红色滤油警告灯亮,此时应立即清洗滤油器,排除故障。

三、叉车蓄电池的技术要求

叉车蓄电池将发电机提供的电能变为化学能储存起来。其构造主要由外壳、极板组、隔板、连接板、接柱、加液孔盖等组成(图2-41)。汽油机用蓄电池一般为12V,柴油机用蓄电池多为24V。铅蓄电池的使用寿命是其重要性能指标之一。铅蓄电池的主要缺点之一就是使用寿命较短。其原因有:板栅变形、板栅腐蚀、活性物质脱落等,这些是正极板常存在的问题。而在负极板方面存在的问题是,活性物质在使用过程中发生钝化以及产生不可逆硫酸盐化等,这些都会使铅蓄电池的使用寿命缩短。铅蓄电池是一种化学电源,它的工作有一定的规律性。因此,只有掌握蓄电池的工作规律,正确地使用和维修,才能保证其良好的工作性能,延长蓄电池的使用寿命。

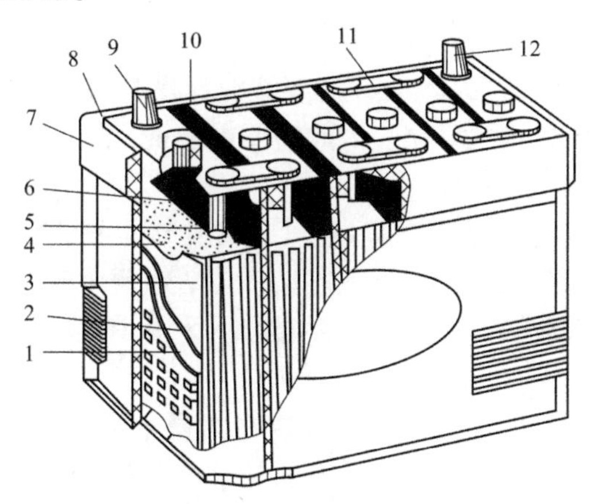

图2-41 蓄电池的构造

1-负极板;2-隔板;3-正极板;4-防护板;5-单极电池正极板组连接柱;6-单极电池负极板组连接柱;7-蓄电池壳;8-封料;9-负极接线柱;10-加液孔螺塞;11-连接单格电池的横铅条;12-正极接线柱

蓄电池使用中常出现极板弯曲、断裂、自行放电、活性物质脱落、反极、硫化及短路等故障。造成蓄电池故障的原因是多方面的,大体可分为生产制造和使用不当两大方面。生产制造方面的原因,主要是原材料质量不好(含铁、铜量过高),工艺粗糙,极性装反造成极柱标错;使用方面的原因,主要是充电不及时,产生硫化。充电时极性接反,外壳不干净,电解液不纯、杂质多、密度过高或过低等,都可能发生上述故障。蓄电池上不得放置任何金属物体和工具,以防止电池短路发生。

蓄电池最好经常处于充足电状态。凡使用过的蓄电池,每月最好充电一次,存放期不宜过长,避免长期搁置。蓄电池的充电状态可根据电解液密度和端电压(单格)来判断,用高率放电计测量蓄电池在大电流(接近起动机起动电流)放电时的端电压,可精确判断蓄电池放电程度。一般技术良好的蓄电池,用高率放电计测量时,单格电压应在 1.5V 以上,并在 5s 内保持平稳,否则表示该单格电池放电过多或有故障,应进行充电或更换。检查时还可用直流电压表测量其单格电压,正常值应为 2.1V 以上。当充电时,每单格冒气泡沸腾状态为正常。

蓄电池充电时需要有良好的通风措施,因为蓄电池在充电末期会产生氢气和氧气,此时若有火花产生,会引起爆炸。充电中也有对人员有伤害的酸雾产生,在充电后也要及时排除,并及时清理蓄电池和现场。进行蓄电池充电操作时,请佩戴保护镜和橡胶手套,由于蓄电池内有稀硫酸,使用不慎会造成皮肤烧伤、眼睛失明。万一不慎有电解液(酸液)溅到眼睛或皮肤上,要立即用大量清水进行清洗并请医生进行检查和治疗,衣服上的电解液可用清水洗净。对蓄电池的使用方法及危险性不熟悉的人员,请不要接触蓄电池,以避免稀硫酸对人身造成伤害。只有完全断电时,才能分离蓄电池与连接器,严禁带电插拔连接器。

四、叉车蓄电池的损耗规律

常见车用蓄电池早期损坏多发生在冬夏两季。冬季气温低,混合气中汽油不易均匀雾化,而且机油黏度大,曲轴转动慢,蓄电池中电解液扩散或流动迟缓,因而其效率降低,显得电力不足。若起动困难而连续使用,蓄电池快速放电,由此导致电压下降、容量降低、极板损坏。夏天气候干燥,电解液蒸发且消耗过快,如果同时发电机端电压调得过高,经常会出现过充电现象。过充电电流越大,时间越长,电解液消耗量越大,液面高度下降越快。液面过低,使极板上部暴露在空气中产生氧化。因此需要勤检查、勤调整、勤维护,才能保持蓄电池的良好技术状况。

在叉车使用中,对蓄电池的要求较高,必须定期强制维护,检修时必须严格遵守工艺规范。使用时应注意放电电流不能过大,以免极板弯曲活性物质脱落,使容量降低,电压下降,早期损坏。发电机的调节器应按规定调整,不能随意将电压调高,以免隔板受到腐蚀,缩短其使用寿命。

新蓄电池加电解液后,温度上升与蓄电池内在因素有关。普通非干荷电蓄电池加酸后温度升高,而干荷电蓄电池升温不明显。这是因为干荷电蓄电池极板经过抗氧化处理,出厂时蓄电池已处于充足电状态,加酸后即可带负荷使用;而普通蓄电池的极板未经抗氧化处理,极板处于半充足电状态,相当一部分物质处于原始状态,和稀硫酸反应产生很大的热量,因而升温很高,在夏天有的高达50℃以上。因此普通蓄电池充电时需要人工降温,给使用带来不便。

准确地掌握电解液密度是判断蓄电池蓄电状态的重要依据。在使用过程中,蓄电池电解液密度的高低是分析蓄电池实际容量的重要依据。电解液密度随蓄电池充电程度升高而上升,随放电程度增加而降低。因为蓄电池充电,极板上的硫酸铅分解,电解液中硫酸含量增加,密度升高;蓄电池放电,两极板生成硫酸铅,电解液中硫酸含量减少,密度降低。测试证明,电解液相对密度每下降 0.01,蓄电池容量约减少 5%。

要及时向蓄电池内补充纯水。已启用的蓄电池在运行中,温度升高,充、放电频繁,电解液中水分消耗大,因此要定期补充纯水。司机要通过检查蓄电池液面,确定是否需要补充水。普通蓄电池每月应补水一次,其他各型蓄电池要视耗水情况,定期补充纯水。对暂不使用的蓄电池,则可延期补水。凡给蓄电池补水后,需作必要的补充充电。如果蓄电池出现液面下降较快,补水频繁的现象,要检查车上的调节器限额电压调得是否过高。过高会出现过充电,水分解消耗大,蒸发快等现象,可通过调整限额电压解决。如有个别电池电量下降快,要检查是否产生微短路。此外,还要检查蓄电池壳体是否有液痕,电解液是否渗漏,并要酌情处理。

蓄电池在正常使用中只能补水,切不可加电解液,更不能加硫酸。如果蓄电池倾倒,损失了原有电解液时,可按原电解液密度补充电解液。有时车辆不能起动,认为存电不足,向蓄电池内加电解液,结果会适得其反,会缩短蓄电池使用寿命。在使用中,无论是充电还是放电,电解液中的硫酸都在内部消耗和再生,硫酸溢出量极少。电解液液面下降是由于水分减少,只需补充纯水。如果存电不足,发动机不能起动,应卸下蓄电池进行检查和修理。

本项目小结

本项目介绍了常见叉车的动力装置(包括汽油发动机、柴油发动机与电动机),详细讲解了各动力类型叉车发动机的基本结构与工作原理;介绍了底盘的作用和组成,分别就传动系、行驶系、转向系和制动系四大部分的结构、工作原理及其功能进行说明;重点讲解了叉车的工作装置及其属具的结构和功能,以及在选择、安装和使用时的注意事项。最后介绍了叉车电气系统的组成以及技术规范要求,并对叉车上的蓄电池等设备维护方法进行了列举。

关键术语

发动机(汽油发动机		柴油发动机	直流发动机)	四冲程发动机	蓄电池
底盘	传动系	行驶系	转向系	制动系	离合器
变速器	驱动桥	制动踏板	制动主缸	车轮制动器	停车制动器
门架	货叉架	货叉	叉车属具		

复习与思考

1. 描述发动机的基本结构与工作原理。
2. 简要介绍离合器的工作原理与使用方法。
3. 叉车属具种类有哪些? 简要介绍一下属具选型的要求及其注意事项。
4. 叉车货叉架有哪两种常见形式? 它们的用途有哪些?
5. 怎样对叉车发电机进行维护?
6. 蓄电池有哪些损耗规律,怎样对蓄电池进行维护?

实践训练项目

请仔细观察一台叉车,识别其动力装置、传动装置、转向装置、工作装置、液压装置、制动装置和电气装置等主要部分,并简述各部分的工作原理。

项目三　叉车驾驶和操作技术

知识目标

1. 了解叉车驾驶特点与运输特点;

2. 理解叉车满载码垛时纵向稳定性与横向稳定性重要意义;

3. 识别电动叉车标贴的含义;

4. 完成叉车驾驶技能训练,包括“8”字行进训练、侧方移位训练、通道驾驶训练、倒进车库训练和场地综合驾驶训练,掌握其操作要领和注意事项;

5. 完成叉车叉取、卸放货物作业训练,掌握其操作要领和考核标准;

6. 了解不同仓库中叉车的使用特点,不同物资的码垛形式和特点,以及不同物资对叉车性能的要求。

能力目标

1. 能根据叉车作业考核方法,完成叉车操作项目训练;

2. 能使用叉车进行装卸搬运作业;

3. 能根据库房和业务实际情况,选择适用的叉车进行作业;

4. 能根据货物特性和码垛要求,灵活使用叉车进行装卸作业。

案例导入

内燃平衡重式叉车是目前厂内机动车中应用最广、拥有量最多的一种。从安全的角度来看,由于叉车的门架和前置的货物挡住了司机的局部视线,使得货叉周围的3～5m成为行驶中的盲区。而且叉车的作业区域多是些人员较杂、障碍物较多、路面较狭窄的场地,尽管叉车的时速远低于公路上的机动车辆,但若司机判断失误、操作不当或发生机械故障,仍会发生车辆伤害事故。根据国家有关部门对全国工矿企业伤亡事故的统计表明,发生伤亡事故最多的是厂内交通运输事故,约占全部的25%,而叉车造成的事故更是占了很大比例。针对叉车的特殊性,长期摸索出的叉车驾驶训练中的“8”字行进训练法、侧方移位训练法、通道驾驶训练法、倒进车库训练法与场地综合驾驶训练法具有很强的实用性,能够有效训练司机正确掌握叉车驾驶技术。同时,叉车司机也要在工作实践中不断摸索,具体环境具体分析,灵活运用叉车,减少视野盲区,准确判断,降低叉车操作事故率。

任务:如何有效学习和训练叉车驾驶技能,并在实践中不断提高叉车操作的熟练程度?

任务一 叉车的操作特点

不论是在货场、港口，还是在仓库或大型商场内，均可见到各式各样的叉车在繁忙而有序地作业。由于叉车在性能和尺寸参数、质量及功能等方面不同于一般的汽车，所以叉车驾驶具有与一般汽车驾驶不同的特点，叉车司机除应具有一般汽车的驾驶常识和技能外，还须掌握一些特殊要求。

一、叉车驾驶的特点

1. 转向灵敏，转弯半径小

叉车一般在库内作业，由于受作业场地、作业范围的限制，要求叉车在转向时具有很高的灵敏性和较小的转弯半径。为此，现代叉车多数采用液压转向方式。为了提高叉车的转向效率或实现紧急转向，通常在转向盘上安装有一个可以360°来回旋转的球柄(手柄)。驾驶时，左手紧握球柄(手柄)，即主要以左手掌握转向盘，在不需要操纵其他装置或急转弯时，右手可辅助左手推拉转向盘。也就是说，驾驶时应以左手为主、右手为辅。许多叉车司机往往不习惯采用这种驾驶方式，尤其是初学者，仍习惯于驾驶汽车的转向要求，这样在转向时易导致转向不及时或打死轮，加剧转向轮、转向传动机构的磨损。另外，转动转向盘时不要用力过猛，尤其禁止在原地转动转向盘(因为液压转向极易在原地转动)。在高低不平的道路上行驶或作业时，应紧握转向盘，以免击伤手腕或手指。

2. 离合器使用频率高

叉车作业基本上是短途运输，由于不停地叉卸货，造成叉车频繁起动和停车，离合器的使用率较高。且由于叉车行驶速度较慢，在紧急收发作业过程中，叉车司机更多地喜欢用半联动来控制，从而造成离合器使用频率过高，导致摩擦片、分离轴承等相关部件的磨损加剧。

3. 变速杆、换向杆易混淆

由于叉车速度较慢，通常只设1、2两个挡位，且专门设置一个换向挡(相当于汽车的倒挡)。驾驶时，先挂入换向挡，即将方向杆推入前进或后退位置，然后再将变速杆推至慢速挡，使车平稳起步。在初学驾驶时，许多学员往往将变速杆和换向杆混淆。因为操纵换向杆时，必须使叉车完全处于停止状态时进行，否则容易损坏机件。

4. 上坡正行，下坡倒行

当重载叉车上、下坡或空载叉车下坡时，由于重心前移，很容易失去纵向稳定性而发生倾覆。为了增大行车安全系数，重载叉车上坡时采用正行，下坡时采用倒行。

二、叉车运输的特点

叉车既能进行短途运输又能进行叉卸货作业，在使用中频繁操作，前进、后退、转弯交替进行，叉卸货作业前倾、后倾非常频繁；叉车的工作环境一般比较狭窄，司机往往单独操作。因此根据叉车的工作特点，叉车运输具有流动性、频繁性、复杂性、危险性和事故多发性等特点。

(1)流动性。叉车的工作性质决定了叉车经常要载货运行，进行物料的搬运工作。所以需要经常在狭窄的工作场地穿进和转弯,这就决定了操纵驾驶的困难程度。

(2)复杂性。叉车工作的对象是不确定的,物料的形状、大小和重心位置各异,给货物的装卸带来了困难。叉车作业有时又是联合操作,既要前进或后退,又要起升或下降来对准货位,这就决定了叉车作业的复杂性。

(3)频繁性。叉车的运输作业很繁忙,作业程序相对复杂,因此司机在工作中长期处于精神高度集中状态。

(4)危险性。国内外的众多事故案例表明,叉车驾驶伤害事故较多,而且有些车祸还十分严重。叉车在场内运行,虽然车速较慢,但由于厂内道路狭窄,转弯多,驾驶环境复杂,且又要高举起升货物,这就决定了叉车运输具有较大的危险性。

(5)事故多发性。叉车伤害事故还具有多发性,同类事故不仅在不同的地点会重复发生,而且在同一地点也可能经常性发生。

三、叉车的稳定性

稳定性是保证叉车安全作业的最重要的条件。稳定性不足,将造成倾翻事故。由于货叉位于叉车前方,货物中心位于叉车纵向支承面以外,当货物提升码垛或满载紧急制动时,有可能使整车向前倾翻或货物自货叉上甩出,失去纵向稳定。由于叉车满载转弯或行驶于倾斜路面,特别在急转弯时,叉车有向侧面倾翻的危险,根据统计,横向翻车事故较纵向多。

1. 叉车满载码垛时的纵向稳定性

叉车在水平地面,门架直立,货叉满载起升到最大高度如图3-1所示。此时,如叉车自重与货物重量的合成重心处于叉车支承面以内,叉车不致前倾,如处于连线上即为临界状态,出线则前翻。所以每次装卸作业在载重不得超过处于相应载荷中心时的允许载荷量。

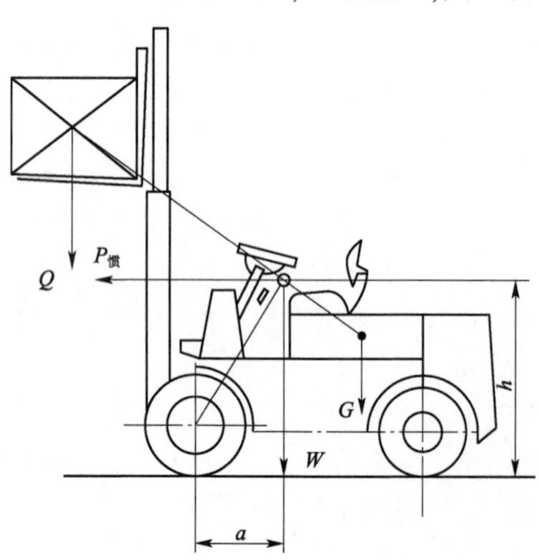

图3-1 货叉满载提升到最大高度

2. 叉车满载行驶时的纵向稳定性

叉车满载行驶时,货叉离地300mm于平道上全速行驶制动,此时叉车受重力及制动惯性力作用,制动惯性力$P_{惯}$通过叉车合成重心点。当制动时,由于惯性力$P_{惯}$的作用,$P_{惯}$与$(G+Q)$的重力合成超出两前轮接地点连线时(图3-1),叉车将绕前轮向前翻转,失去纵向稳定性,造成事故。如制动惯性力在此之前即已减少或消失,即可免除事故发生。一般要求$P_{惯}$与$(G+Q)$对前轮连接线力矩平衡:

$$P_{惯}h=(G+Q)a$$

所以叉车禁止超载高速行驶。

3. 叉车满载码垛时的横向稳定性

一般叉车后桥轮距小于前桥,若重心后移,则使重心垂直作用线越接近侧向倾翻临界线,因而横向侧翻可能性将增大。由此可见叉车满载,且将货物起升在最大高度时进行码垛,门架后倾角越大,越有利于提高纵向稳定性,但对横向稳定性有损。叉车侧向倾翻临界线,四支点叉车为外侧两轮与地面接触点连线,三支点叉车为前轮与后桥中心点的连线。

4. 叉车空载行驶时的横向稳定性

根据统计,起升高度较小的叉车,翻车事故的出现,空载较负载时多。其主要原因在于满载行驶时,叉车合成重心 G 迁移到 G'(图 3-2),侧向倾翻的力臂增大,增加了横向稳定性。空载行驶时,转弯或下坡不必减速,因而造成翻车事故。

所以叉车中心高度越低,对纵向和横向稳定性越有利。重心靠后,有利于纵向稳定性,而有损于横向稳定性。这是驾驶叉车时必须掌握的要领。

图 3-2 重力合成图

四、电动叉车标贴说明

以电动叉车为例,如图 3-3、图 3-4 所示,对叉车车身所贴标志加以说明。

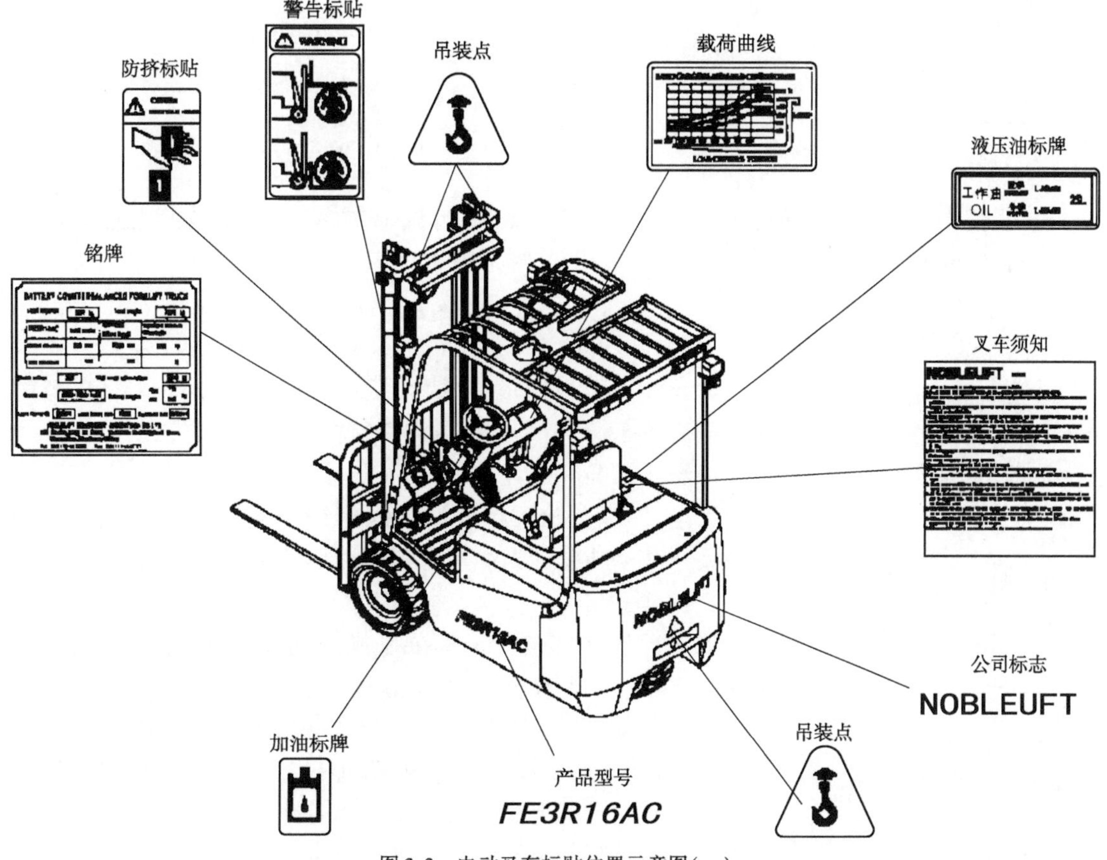

图 3-3 电动叉车标贴位置示意图(一)

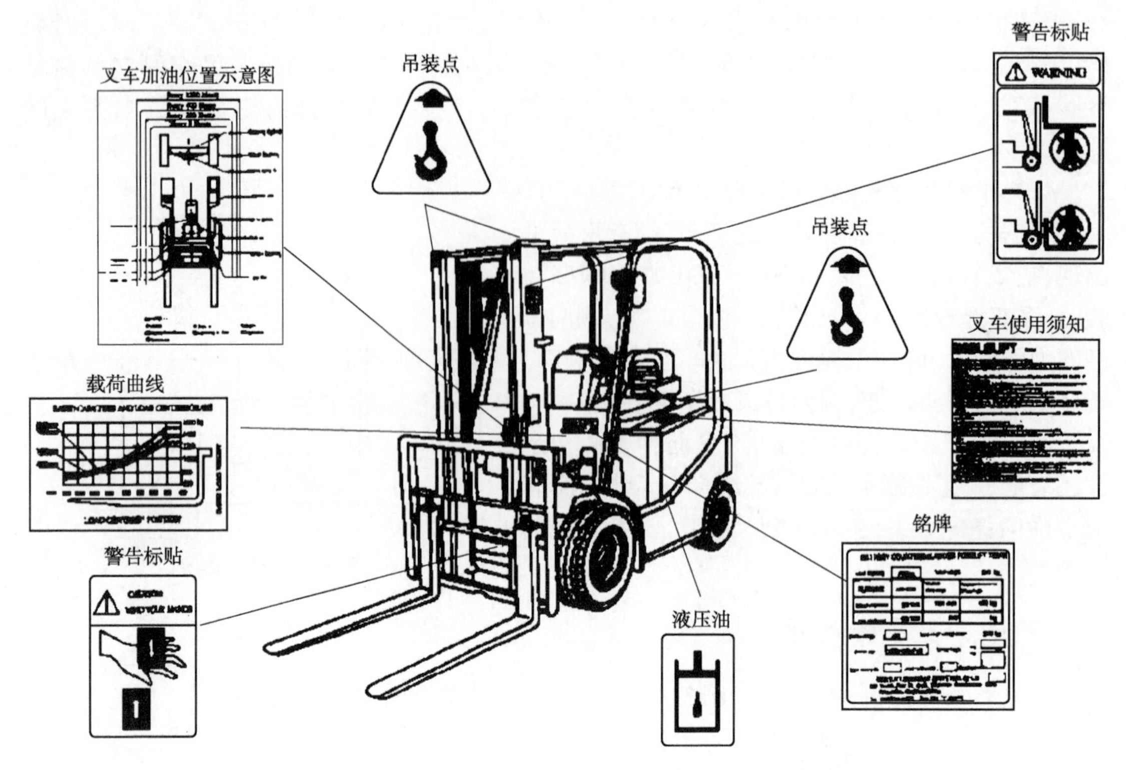

图 3-4　电动叉车标贴位置示意图(二)

任务二　叉车的驾驶训练

对于初学叉车驾驶者来说,通常应完成包括“8”字行进、侧方移位、倒进车库、通道驾驶、场地综合驾驶等几项训练内容,下面分别说明其场地设置及操作要领。

一、“8”字行进训练

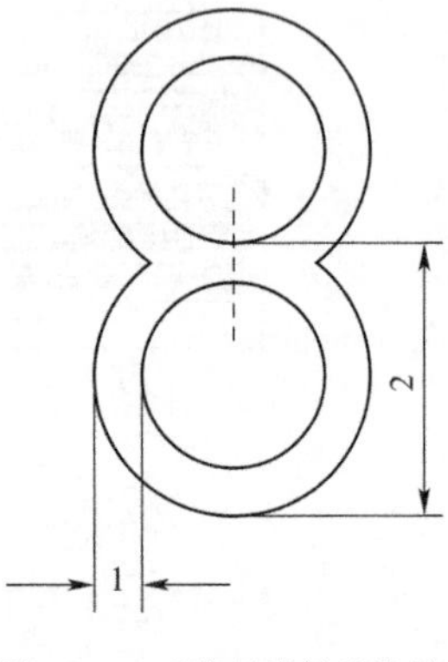

叉车“8”字行进,俗称绕“8”字,主要是训练司机对转向盘的使用和对叉车、牵引车行驶方向控制。

1. 场地设置

叉车“8”字行进的场地设置,如图 3-5 所示。对于大吨位的电动叉车和大吨位的内燃叉车,其路幅还可以适当放宽。

图 3-5　“8”字行进场地设置
1-路幅:内燃叉车为车宽 +80cm;电动叉车为车宽 +60cm;2-大圆直径:2.5 倍车长

2. 操作要领

前进行驶时,要按小转弯要领操作,前内轮应靠近内圈,随内圈变换方向。既要防止前内轮压内圈,又要防止后外轮压碰外圈。叉车行至交叉点的中心线时,就应向相反的方向转动转向盘。

后倒行驶时,要按大转弯的要领操作,后外轮应靠近外圈,随外圈变换方向。既要防止后外轮越出外圈,又要防止前内轮压碰内圈。叉车行至交叉点中心线时,应及时向相反方向转动转向盘。当熟练后,可去掉中心线练习。

3. 注意事项

(1)初学叉车驾驶时,车速要慢,运用加速踏板要平稳。行进时,因叉车随时都在转弯状态中,故后轮的阻力较大,如加油不够,会使行进的动力不足,造成熄火;如加油过多,则车速太快,不易修正方向。所以,必须正确应用加速踏板,待操作熟练后再适当加快车速。

(2)转动转向盘要平稳、适当,修正方向要及时,角度要小,不要曲线行驶。

二、侧方移位训练

侧方移位是车辆不变更方向,在有限的场地内将车辆移至侧方位置。侧方移位在叉车作业中应用较多,如在取货和码垛时,就经常使用侧方移位的方法调整叉车位置。

1. 场地设置

叉车侧方移位的场地设置,如图3-6所示。图中位宽 = 两车宽 + 80cm;位长 = 两车长。

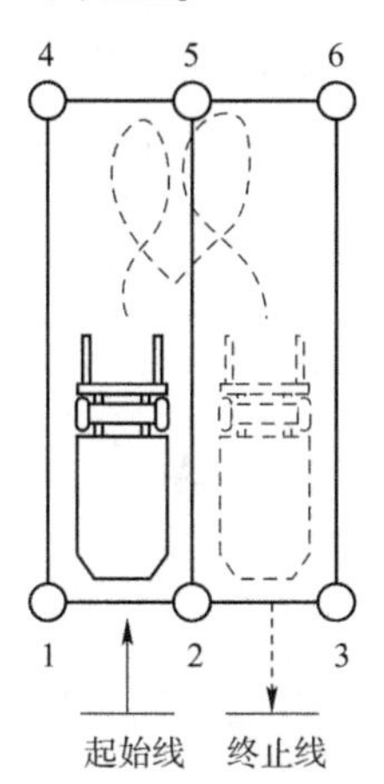

图3-6 叉车侧方移位场地设置

1、2、3、4、5、6-场地标识点;1~3-位宽;1~4-位长

2. 操作要领

当叉车第一次前进起步后,应稍向右转动转向盘(或正直前进,防止左后轮压线),待货叉尖距前标杆线1m处,迅速向左转动转向盘,使车尾向右摆,当车摆正(或车头稍向左偏)或货叉尖距前标杆线0.5m处,迅速向右转动转向盘,为下次后倒做好准备,并随即停车,如图3-7a)所示。

倒车起步后,继续向右转动转向盘,注意左前角及右后角不要刮碰两侧标杆线,待车尾距后标杆线1m处,迅速向左转动转向盘,使车尾向左摆。当车摆正(或车头稍向右)或车尾距后标杆线0.5m处,迅速向右转动转向盘,为下次前进做好准备,并随即停车,如图3-7b)所示。

第二次前进起步后,可按第一次前进时的转向要领,使叉车完全进入右侧位置,并正直前进停放,如图3-7c)所示。

第二次倒车起步后,应观察车后部与外标杆和中心标杆,取等距离倒车。待车尾距后标线约1m时,司机应转头来向前看,将叉车校正位置后停车,如图3-7d)所示。

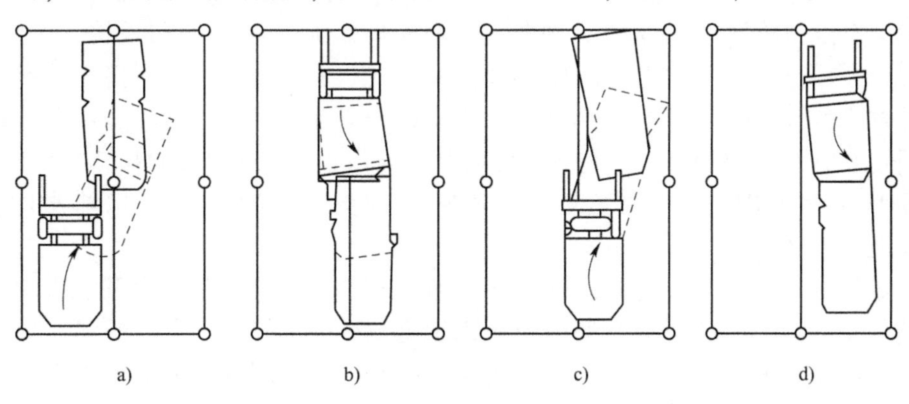

图3-7 侧方移位图

3. 注意事项

依照上述要领操作时,必须注意控制车速;对于内燃式叉车在进退途中不允许踏离合器踏板,也不允许随意停车,更不允许打死方向,以免损坏机件。倒车时,应准确判断目标,转头要迅速及时,应兼顾好左右及前后。

三、通道驾驶训练

通道驾驶即为司机驾车在库房或货物的堆垛通道内行驶。司机在通道内驾驶的熟练程度,直接影响叉车的作业效率和作业安全。因此通道驾驶科目的训练,对新训叉车司机来说是十分重要的。

1. 场地设置

通道驾驶训练,可将托盘、空油桶等物件列成模拟通道,其通道宽度实际为叉车直角拐弯时的通道宽度。通道驾驶场地应设置有左、右直角拐弯和横道,其形式不限,也可按图 3-8 设置。

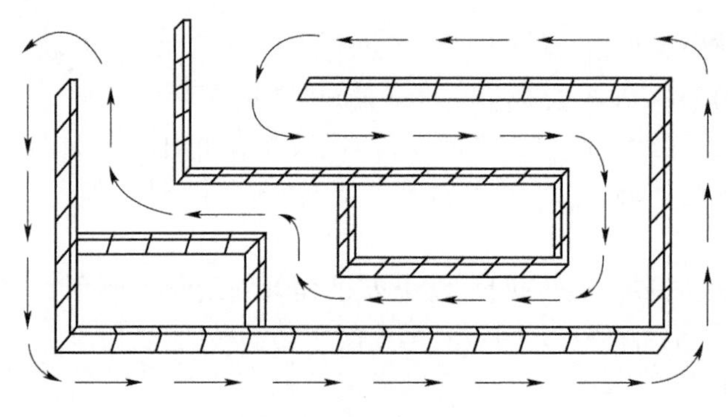

图 3-8 通道驾驶场地

2. 动作要领

(1)叉车前进。叉车在直通道内前进时,除应注意驾驶姿势外,应使叉车在通道中央或稍偏左行驶,以便于观察和掌握方向。在通过直角拐弯处时,应先减速,并让叉车靠近内侧行驶,只需留出适当的安全距离即可;根据车速快慢、内侧距离大小,确定转向时机和转向速度,使叉车内前轮绕直角行驶。

一般车速慢,内侧距离大,应早打慢转;车速快,内侧距离小,应迟打快转。无论是早打还是迟打,在内前轮中心通过直角顶端处时,转向一定要在极限位置。在拐弯过程中,要注意叉车的内侧和前外侧,尤其要注意后外轮或后侧,不要刮碰通道或货垛。在拐过直角后,应及时回转方向进入直线行驶,回转方向的时机由通道宽度和回转方向的速度而定。一般通道宽度小,应迟回快回;通道宽度大,应早回慢回,避免回转方向不足或回转方向过多,以防叉车在通道内"画龙"。

(2)叉车后倒。叉车在直通道内后倒时,应使叉车在通道中央行驶,并注意驾驶姿势,同时还要选择好观察目标,使叉车在通道内平稳正直地后倒。在通过直角拐弯处时,应先减速,并靠通道外侧行驶,使内侧留有足够的距离;根据车速快慢、内侧距离大小,确定转向时机和转向速度,使叉车内前轮绕直角行驶。

在拐弯过程中,要注意叉车前外侧、后外侧、后外轮,尤其要注意内轮差,防止内前轮及叉车其他部位压碰通道或货垛。在拐过直角后应及时回转方向进入直线行驶。

四、倒进车库训练

1. 场地设置

叉车倒进车库的场地设置,如图 3-9 所示。其中,车库长 = 车长 + 40cm;车库宽 = 车宽 + 40cm;库前路宽 = 5/4 车长。

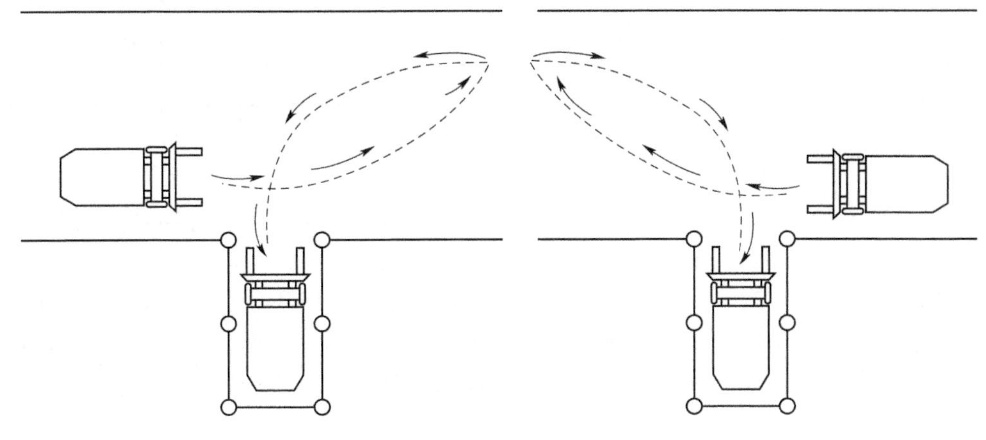

图 3-9　叉车倒进车库图

2. 操作要领

(1)当叉车接近车库时,应以低速靠近车库的一侧行驶,并适当留足车与库之间的距离,待转向盘与库门(墙)对齐时,迅速向左(右)转动转向盘,使叉车缓慢地驶向车库前方。当前轮接近路边或货叉接近障碍物时,迅速回打转向盘并停车。

(2)后倒前,司机应先向后看准车库目标。起步后,向右(左)方向盘转动,慢慢后倒;当车尾进入车库时,就应及时向左(右)回转方向盘,并前后照顾,及时修正,使车身保持正直倒进库内,回正车轮后立即停车。

(3)注意事项。倒进车库时,要确实注意两旁,进退速度要慢,不要刮碰车库门(或标杆),如倒车困难,应先观察清楚后再后倒;停车位置应在车库的中间,货叉和车尾均不准突出车库(或地面画线)之外。

五、场地综合驾驶训练

叉车场地综合驾驶训练,是把通道驾驶、过窄通道、转"8"字等式样驾驶和直角取卸货结合在一起,进行综合练习。其场地设置可以参照图 3-10。

$$A = 车宽 + 80cm(1t 以下电动叉车为车宽 + 60cm)$$

$$E = C + a + L + C_{安}$$

式中:a——前轴中心线至货叉垂臂前侧的距离;

L——货物的前后长度;

$C_{安}$——安全距离(一般取 0.2m)。

B、C 等尺寸参见"工作通道和工作面的确定",其中 $B = B_{取}$,$C = B_{转}$,D = 车宽 + 10cm。

叉车从场外起步后，进入通道(图示位置)，经右拐直角弯，左拐直角弯后，左拐直角弯取货，并左拐退出货位停车。然后又起步前进，经两次左拐直角弯取货后进入窄通道，通过窄通道后，绕“8”字转1~2圈后又进入通道，经右拐直角弯、左拐直角弯后，左拐直角弯卸货，起步后倒出货位，倒车经左拐直角弯、右拐直角弯后到达初始位置停车，整个过程完毕。

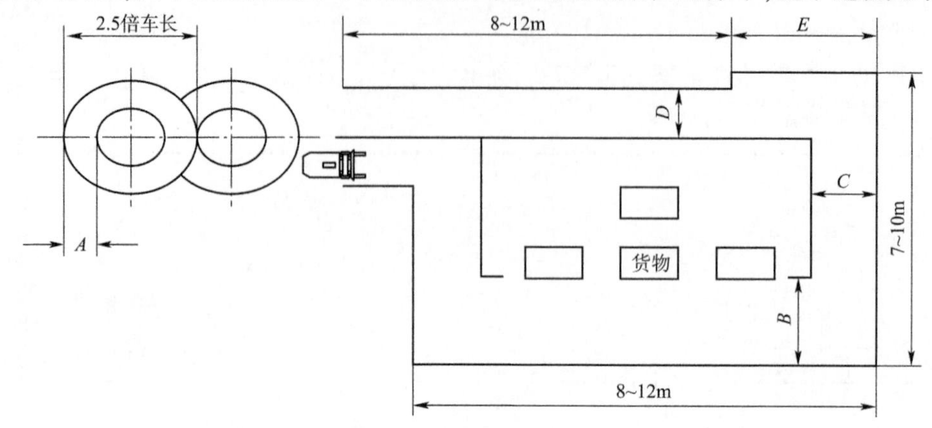

图3-10　叉车综合练习场地

操作中，要正确运用各种驾驶操纵装置，起步、停车要平稳，中途不得随意停车或长期使用半联动，不允许发动机熄火和打死方向，叉货和卸货应按要求动作进行。

任务三　叉车的作业训练及考核方法

一、叉车叉取作业

1. 叉货操作程序

叉车叉取货物的过程，概括起来共有八步，即驶近货垛、垂直门架、调整叉高、进叉取货、起提货叉、后倾门架、驶离货垛以及调整叉高等，如图3-11所示。

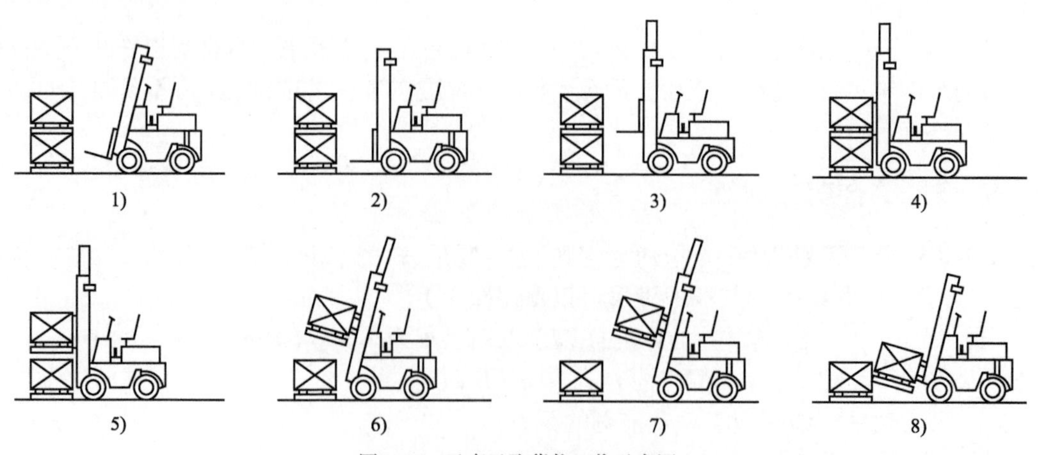

图3-11　叉车叉取货物工作示意图

(1)驶近货垛：叉车起步后根据货垛位置，驾驶叉车行驶至货垛前面停稳。

(2)垂直门架：叉车停稳后，将变速杆挂空挡，将倾斜操纵杆向前推，使门架复原至垂直位置。

(3)调整叉高:向后拉升降操纵杆,提升货叉,使货叉叉尖对准货下间隙或托盘叉孔。

(4)进叉取货:将变速杆挂入前进一挡,叉车向前缓慢行驶,使货叉叉入货下间隙或托盘叉孔;当叉臂接触货物时,叉车制动。

(5)起提货叉:向后拉升降操纵杆,使货叉上升到叉车可以叉取货物离开运行的高度。

(6)后倾门架:向后拉倾斜操纵杆,使门架后仰至极限位置,以防止叉车在行驶中货物散落。

(7)驶离货垛:将变速杆挂后倒挡,缓解制动,叉车后退到货物可以落下的位置。

(8)调整叉高:向前推升降操纵杆,调整货叉的高度,使其距地面一定高度(电动叉车为100~200mm,内燃叉车为200~300mm)。然后操纵叉车行驶到新的货堆。

2. 操作要点

(1)不管是调整门架倾斜程度还是调整叉高,要求动作连续,一次成功到位,切勿反复调整,以提高作业效率。

(2)进叉取货时,可通过离合器控制进叉速度(但不能停车),避免碰撞货垛,叉车在接近货堆0.3m处停下,调整叉距,门架要垂直。

(3)叉取托盘时,叉高要适当,禁止刮碰货物;货叉应对准托盘的插入孔,水平地插入,方向要正,不能偏斜,以防货物散落。

(4)当货叉完全进入货下间隙或托盘叉孔后,停车制动,变速杆挂空挡。取货要到位,即货物一侧应贴上叉架(或货叉垂直段),然后门架后倾,调整货叉离地面高度再行驶。

(5)叉车载货行驶时,门架一般应在后倾位置。当叉取特殊货物使门架不能后倾时,也应使门架处于垂直位置。否则,应采取捆绑等措施。决不允许重载叉车在门架前倾状态下行驶。

(6)在较差的道路条件下作业,起重量应适当降低,并降低行驶速度。

3. 禁止事项

(1)不准用单货叉作业或惯性力叉货,更不得用制动惯性溜放圆形或易滚动的货物。

(2)严禁用叉车顶撞、拖拉货物。

(3)不准用货叉直接铲运危险物品和易燃品等。进行危险物品作业时,应降低叉车负荷25%使用。

(4)叉车叉货作业时,禁止人员站在货叉周围,以免货物倒塌伤人。

(5)禁止用货叉举升人员从事高处作业,以免发生高处坠落事故。

同时,作业过程中严格执行“五不叉”:即货物重心超过货叉的载荷中心,使纵向稳定性降低时不叉;单叉偏载时不叉;货物堆码不稳时不叉;叉尖可能损坏货物时不叉;超过叉车额定质量或质量不明时不叉。当货物重心超出载荷中心范围时,即有可能破坏叉车的纵向稳定性,叉车就不能按额定起重量进行装卸作业,并有可能发生事故。此时,可相应减少一定的装载量,以确保驾驶操作安全。

二、叉车卸放货物技术

1. 叉车卸货程序

叉车卸下货物的过程,概括起来共有以下八步,即驶近货位、调整叉高、进车对位、垂直门架、落叉卸货、退车抽叉、后倾门架和调整叉高等,如图3-12所示。

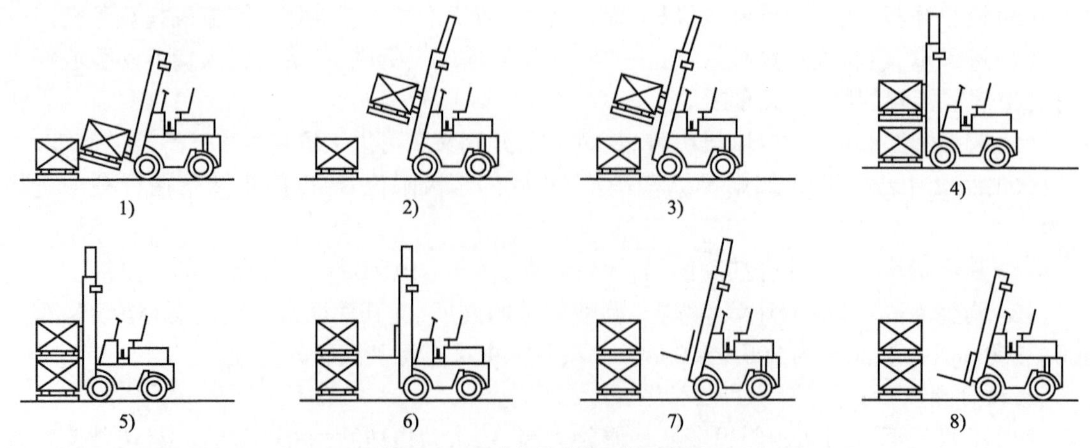

图3-12　叉车卸放货物工作示意图

(1)驶近货位:叉车叉取货物后行驶到卸货位置,停稳,做好卸货准备。

(2)调整叉高:向后拉升降操纵杆,调整货叉高度,对准放货所必须的高度。

(3)进车对位:将变速杆置于前进挡,叉车缓慢前进,使货叉位于待放货物(托盘)处的上方,并与之对正,停车制动。

(4)垂直门架:向前推倾斜操纵杆,门架前倾,恢复至垂直位置。有坡度时,允许门架前倾,以便安全放下货物和抽出货叉。

(5)落叉卸货:向前推升降操纵杆,使货叉缓慢下降,将货物(托盘)平稳地放在货位上,然后使货叉稍微离开货物底部。

(6)退车抽叉:将变速杆置于后倒挡,缓解制动,叉车后退至能将货叉落下的距离。

(7)后倾门架:向后拉倾斜操纵杆,门架后倾至极限位置。

(8)调整叉高:向前推升降操纵杆,调整货叉的高度,使其距地面一定高度(电动叉车为100~200mm,内燃叉车为200~300mm)。然后叉车离开,驶向取货地点,开始下一轮取放货作业。

2. 操作要点

(1)不管是调整门架倾斜程度还是调整叉高,动作要柔和、连续,以防货物散落;一次成功到位,切勿反复调整,以提高作业效率。

(2)对准货位时速度要慢(或用半联动控制),但不能停车。

(3)禁止打死方向,左右位置不偏斜;前后不能完全对齐,要留出适当距离,用以微调叉车,以防垂直门架时货叉前移而不能对正货位。

(4)垂直门架一定要在对准货位以后进行,保证叉车在门架后倾状态下移动。

(5)落叉卸货后抽货叉时,货叉高度要适当。

(6)堆垛时应采用载荷能稳定的最小门架后倾,缓慢接近货堆后,调整门架至垂直位置,并把载荷提升至稍高于堆垛的高度,将叉车前移,放下货叉卸下载荷,再抽出货叉降至运行位置,必须确保堆成的垛是稳定的。

3. 禁止事项

(1)严禁突然起升或下降货叉,以免货物散落损坏或伤人。

(2)卸载时,严禁抖盘、翻盘以及采用"射箭"等方式卸货。

(3)禁止拖拉、刮碰货物。

三、叉车叉卸货效率分析

叉车作业,不论是装货,还是卸货,都必须重复完成叉货、卸货两个基本动作。初学时,一定要严格按八动作要求,由慢到快,循序渐进,养成良好的操纵习惯。同时还应特别注意行驶速度与操纵动作的协调、操纵动作与制动的配合。

在仓库的收发和翻堆、倒垛作业中,操作手的熟悉程度对任务的完成影响很大,它直接影响着机械的利用率、纯作业时间和作业效率;在作业人员一定的情况下,尤其决定着人均作业效率的大小。叉卸货物的熟练程度,可以用一次循环时间、叉货准确率、放货成功率等指标衡量。叉货准确率、放货成功率是衡量操作手技术熟练程度的重要指标之一。一个好的操作手,应做到叉而准,准而稳;行短路,转小弯;动作程序分明,车速配合适当;叉货准,卸货稳,不顶、不刮、不拖拉。

因此,在操作训练中,应注意加强操作手的叉货和放货的实际训练。

1. 一次叉货准确率

叉车在正常状态(货叉离地 200~300mm,门架后倾)下驶近货垛,按叉货程序操作,没有出现重新调整叉车、货叉或不使用横移等动作情况下,一次叉取货物位置恰当,则算一次叉取成功。在选定的时间内叉取一组货物,其叉取成功次数与总叉取次数之比称为一次叉货准确率,用百分数表示,即:

$$C = \frac{m}{M} \times 100\%$$

式中:C——一次叉货成功率;

m——在选定时间内叉取成功次数;

M——在选定时间内总的叉货次数。

实际考核中,可以连续叉取几组货物,取其成功率的平均值作为一次叉货准确率。

2. 一次放货成功率

叉车载货在正常状态下,驶近货位,按放货程序操作,一次放货,不重新调整叉车或货叉,不使用横移,货箱位置合适,则算一次放货成功,否则失败。在任意选取的时间内,叉、放一组货物,其放货成功次数与总放货次数之比称为一次放货成功率,用百分数表示,即:

$$F = \frac{n}{N} \times 100\%$$

式中:F——一次放货成功率;

n——在选定时间内放货成功次数;

N——在选定时间内总的放货次数。

实际考核中,可以连续叉、放几组货组,取其成功率的平均值作为一次放货成功率。

3. 一次叉卸货循环时间

叉车从叉取货物,经过短途运输后放货,再回到原来叉货地点,这一过程称为叉车的一次工作循环,一个工作循环所占用的时间,称为一次叉卸货循环时间。一次叉卸货循环时间同样是衡量操作手技术熟练程度的指标之一。

四、叉车工作通道和工作面的确定

叉车在库房或货场内作业时,需要有方便的通道,以供叉车行走、取货、拆码垛之用。通道宽度主要取决于叉车的转弯半径、货物的外形尺寸,以及其他一些因素。

1. 直行通道最小宽度的确定

叉车在直行通道中会车时,其通道宽度取决于两叉车的宽度或所载货物的宽度,如图3-13所示。

$$B_{直} = B_1 + B_2 + C_{安}$$

式中:$B_{直}$——直行通道最小宽度;

B_1、B_2——分别为两叉车或所载货物的宽度;

$C_{安}$——安全距离,包括叉车与叉车之间、叉车与货垛(或建筑物)之间的距离,一般取0.5m。

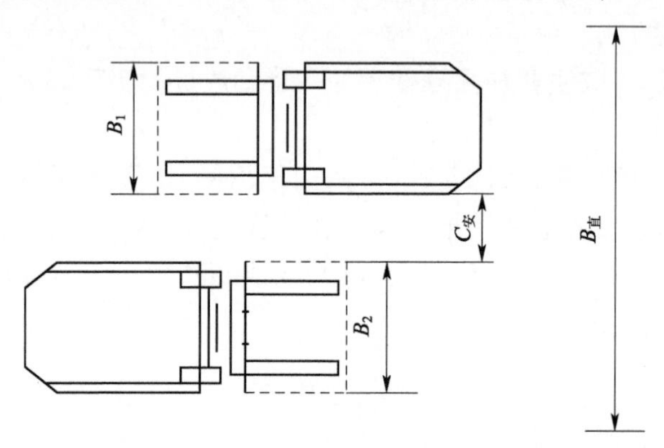

图3-13 叉车直行通道宽度

2. 直角转弯通道最小宽度的确定

如图3-14所示为叉车直角转弯的通道,在这种情况下,通道宽度由叉车的转向半径来决定。

$$B_{转} = R - r + C_{安}$$

式中:$B_{转}$——直角通道的最小宽度;

R、r——分别为叉车外侧和内侧的转向半径;

$C_{安}$——叉车与货垛或建筑物之间的安全距离,一般取0.2m。

叉车的转向半径,一般通过实际试验求得:在平坦而坚实的地面上,叉车于空载状态下,把转向轮转到极限位置,以低速旋转一周(或二周以上),它的最外侧轮廓所描绘的圆周半径,即为外侧转向半径R;而在内侧最靠近旋转中心的一点所作的圆的半径,即为内侧转向半径r。但是,当叉车在满载并以正常速度运转时(此时货物接近于地面),转向轮的轮压大于空载时的轮压。转向时,转向轮向一边滑动,其转向半径也稍增大。由于存在这一情况,在确定通道宽度时,应适当增加一些余量。

3. 工作面宽度(直角取货)的确定

如图3-15所示,用叉车拆码垛、牵引车搬运作业时,工作面的宽度与货物的堆垛形式有关。当牵引车采用图3-15的循环路线时,工作面宽度可以窄一些。这里仅就叉车直角取货来确定工作面宽度。当使用牵引车时,可以根据牵引车的外形尺寸、转弯半径等,适当增加通道宽度。

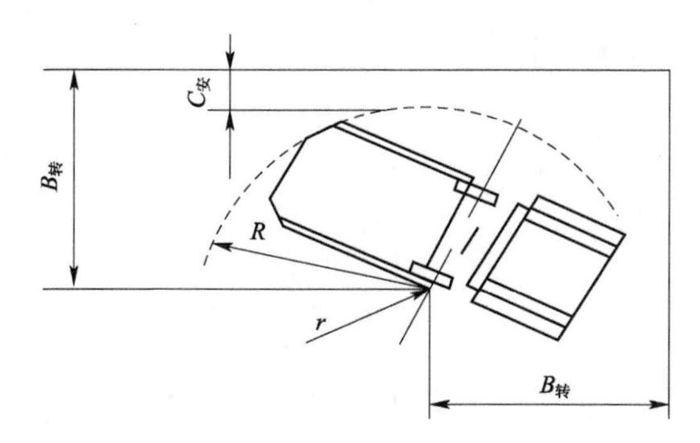

图 3-14　叉车直角转弯通道最小宽度　　　图 3-15　叉车的工作面宽度

(1)当叉车叉卸一般狭小货物时,如图 3-16 所示,当 $m/2 \leqslant b$ 时(m,货物的宽度;b,叉车旋转中心到其中心线的距离),所需工作面的最小宽度为:

$$B_{取1} = R + D + L + C_{安}$$

式中:$B_{取1}$——工作面宽度;

D——叉车前轴线到货物后侧的距离;

L——货物的长度;

$C_{安}$——安全距离。

(2)当叉车叉卸中等宽度货物时,如图 3-17 所示。当 $m/2 > b$ 时,此时所需工作面的最小宽度为:

$$B_{取2} = R + R_{外} + C_{安}$$

式中:$R_{外}$——外侧半径;

R——旋转中心至货物内侧外缘的距离,即

$$R = \sqrt{(D + L)^2 + \left(\frac{m}{2} - b\right)^2}$$

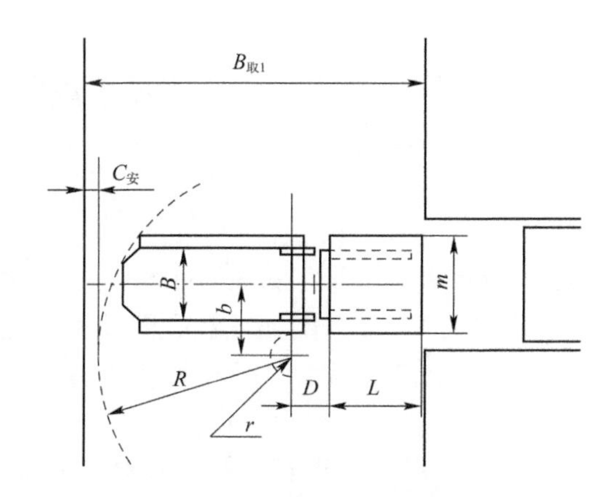

图 3-16　叉车叉取一般货物

$B_{取1}$-工作面宽度;$C_{安}$-安全距离

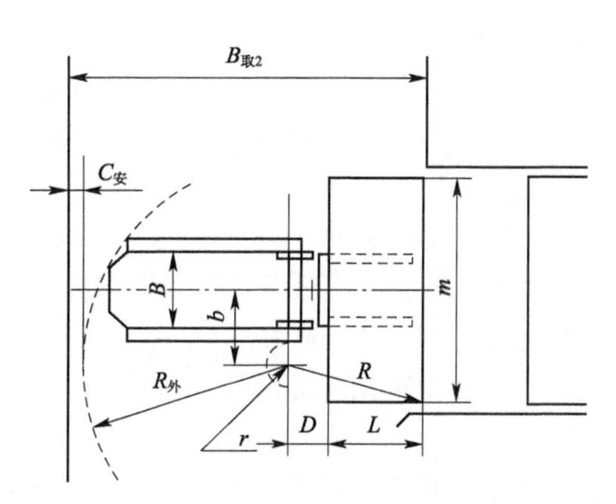

图 3-17　叉车叉卸中等宽度货物

(3)如图 3-18 所示,为了减少通道的宽度,充分利用库房面积,可将通道一边的货堆斜放成 α 角度。叉车取货时,只需 α 角转向。此时所需通道最小宽度为:$B' = B\sin\alpha$。

当 $\alpha = 30°$ 时，$B' = \frac{1}{2}B$，通道宽度即可减小一半。

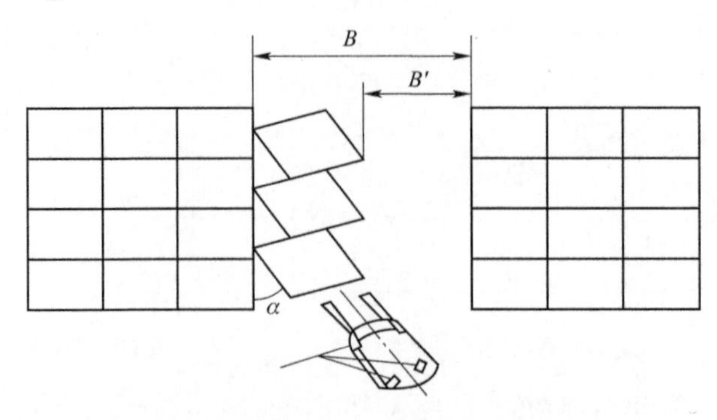

图 3-18　取货不作 90°转向时的通道宽度

五、拆码垛作业

叉车拆码垛作业，是叉取货物和卸下货物，有时还与短途运输结合起来，同时还要求进行整齐堆码的综合性作业。

(1)叉车拆码垛动作要按取货和放货程序进行。当动作熟练后，有些动作可以连续进行，而不必停车。

(2)在短距离范围内连续作业时，放货后的最后两个动作，即后倾门架和调整叉高，可视具体情况进行灵活操作。

(3)叉车在取货后倒出货位或卸货前对准货位，要防止刮碰两侧货垛。

六、叉车驾驶的考核方法与标准

1. 考核方法

(1)书面测试。书面测试的形式和题目可不拘形式，力求简单灵活，以检验学员学习掌握基本知识的情况。

题目既可以是选择题、判断题、是非题、填空题和简单的问答题；也可以根据培训中所讲内容和学员学习情况，酌情处理其深度和难度。对叉车安全操作、维护等方面的内容，应作为考核重点。

(2)实际操作考核。

①绕圆迂回法。如图 3-19a)所示，用托盘(或木箱)围成一个半径为 5m 的圆圈，托盘之间的距离为车宽加 20cm，然后让学员驾驶货叉放下的空叉车，绕圆圈在托盘之间迂回进出两次。第一次为前进驾驶，第二次为倒车驾驶。碰动一次障碍物扣 1 分，顺利通过可得 10 分。

②正逆迂回法。如图 3-19b)所示，学员驾驶叉车通过障碍区，正行和倒行各通过一次，碰动一次障碍物扣 1 分。满分为 10 分。

③通道考核法。如图 3-20 所示，在训练上用空托盘等构成一条宽度为车宽(或货宽)加 10cm，长为 12 ~ 15m 的通道。学员驾驶载有货物叉车穿过整个通道，然后放下货物，将车向后倒车约 10m 再往前开，并叉起货物，最后从通道内倒行驶出。每碰动一次障碍物扣 2 分，

满分为 10 分。

④学员驾驶叉车从储存区每次装运一个托盘货物，驶到指定地点，将货物沿地面上的一条直线放成一行，然后再将货物运回储存区。操纵叉车正确，放置货物位置准确，动作利落，可得 15 分。

⑤组成模拟车厢，取两个托盘，每个托盘的中心画一个直径为 25cm 的圆圈，在圆圈上放置一个圆柱体(圆柱体高 80cm，直径为 25cm)。学员驾驶叉车分两次将放有圆柱体的托盘运入车厢，并排放好。在运行中圆柱体每倾倒一次，或每碰车厢板一次，均扣 2 分，满分为 15 分。

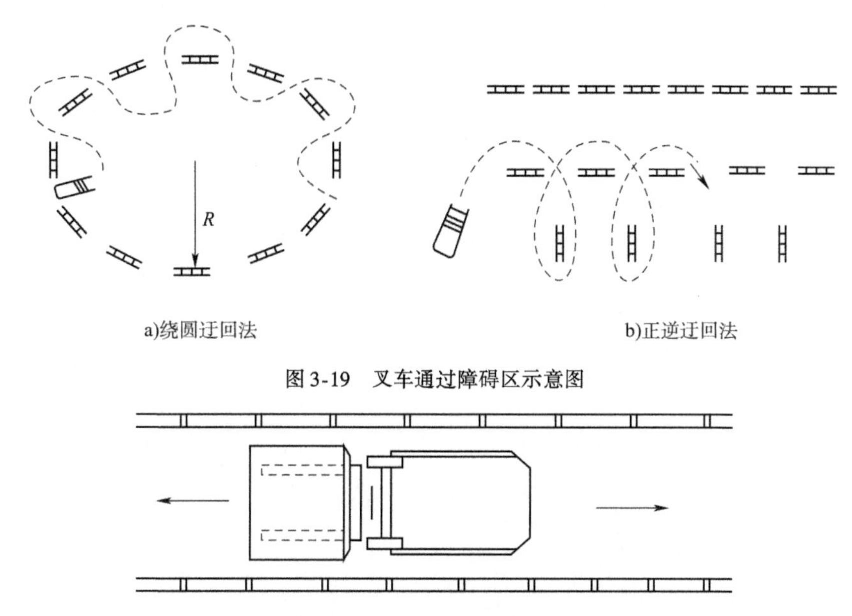

图 3-19　叉车通过障碍区示意图

图 3-20　通道考核示意图

⑥拆码垛作业。学员驾车驶入考核场地，在画有两直线的区域内拆码两个货垛。货垛堆码两层，下层每个货载或托盘放置的位置偏离 5cm 扣 2 分，上层货物放置不正，扣 1 ~ 3 分。操作中各种动作是否正确、叉货准确率、放货成功率和整个拆码垛时间，应作为评分的一项重要内容。满分 20 分。

⑦教员自行确定题目。综合考核学员操纵叉车的能力、细心程度、安全情况以及工作效率。考核中完成各种动作的时间，应作为评分的一项重要内容，用时过长应扣分，满分为 20 分。

2. 实际作业考核标准

对于叉车驾驶考核的评分标准，通常都采用百分制形式，虽然叉车的结构尺寸和型号不一样，但考核场地的尺寸可根据考核用车的具体车型适当进行收放，其考核扣分标准如表 3-1 所示。

叉车实际作业考核评分表(单位：分)　　　表 3-1

题号	分数	评 分 内 容	扣分	实得分
1	10	正行时托盘被碰动移位 倒行时托盘被碰动移位	(　　) (　　)	

续上表

题号	分数	评 分 内 容	扣分	实得分
2	10	托盘被碰动移位 通过障碍不顺利	(　) (　)	
3	10	正行托盘碰动移位 倒行托盘碰动移位	(　) (　)	
4	15	托盘放置出线 放置托盘时进入不当 运走托盘时方向对倒车过多等	(　) (　) (　)	
5	15	圆柱体翻倒托盘被碰动移位 刮碰车厢板	(　) (　)	
6	25	叉货准确率不高 放货成功率不高 用时过长 堆放不正确 物资掉落	(　) (　) (　) (　) (　)	
7	15	起动技术不佳 驾驶位置不当 操作动作过快或过慢 操作不细心 作业效率不高	(　) (　) (　) (　) (　)	
总计	100			

3. 综合场地考核

叉车基础驾驶和叉卸货等熟练程度的考核，也可以在综合场地上进行。综合场地是把通道驾驶、过窄通道、转“8”字（或侧方移位）等式样驾驶与直角取卸货结合在一起。

其式样采用综合练习场地，如图 3-21 所示。

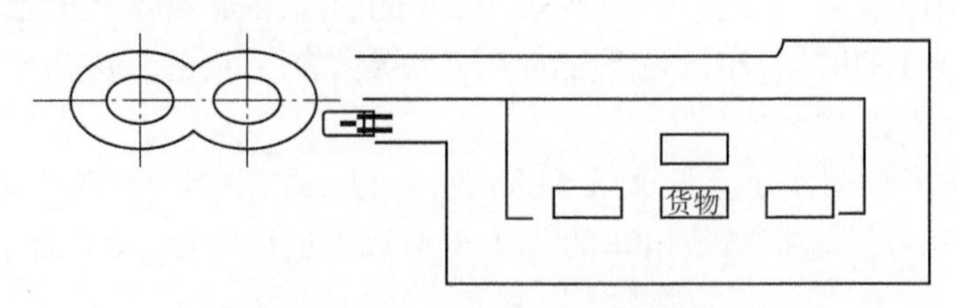

图 3-21　叉车综合场地考核示意图

考核顺序和内容为：(1)上车、起步；(2)空车右拐直角弯；(3)空车左拐弯；(4)直角取货；(5)重车左拐弯；(6)重车左拐直角弯；(7)过窄通道；(8)绕“8”字；(9)重车右拐直角弯；(10)重车左拐弯；(11)直角卸货；(12)倒车左拐弯；(13)倒车右拐直角弯；(14)停车、下车。具体评分标准如表 3-2 所示。

叉车操作综合考核评分表(单位:分) 表3-2

考核内容	分数	扣 分 项 目	扣分标准	扣分	实得分
上车、起步	4	上车动作不正确 起步不升货叉 起步不松手制动 起步不稳	1 1 1 1		
空车右拐直角弯	6	压碰内侧一次 后侧刮压一次 前碰一次 调整一次	1~3 1~3 2 2		
空车左转弯	4	后侧刮压一次 前碰一次 调整一次	1~3 2 2		
直角取货	14	取货后侧刮压一次 货叉调整不当 撞货一次 取货不到位 取货偏斜 刮碰两侧货垛一次 后倒时后撞一次 取货程序错一步 调整一次	2~3 2 5 1~2 1~3 1~2 1~2 2~4 2		
重车左转弯	6	前碰一次 内侧刮压一次	3 1~3		
重车左拐直角弯	10	内侧刮压一次 后侧刮压一次 前碰一次 调整一次	2~4 1~3 2~4 2		
过窄通道	8	刮碰一次 调整一次	2~3 2		
绕“8”字	7	内侧刮压一次 外侧刮碰一次 调整一次	1~3 2~4 3		
重车右拐直角弯	6	压碰内侧一次 后侧刮碰一次 前碰一次 调整一次	1~3 1~3 2~4 9		

续上表

考核内容	分数	扣分项目	扣分标准	扣分	实得分
重车左拐弯	5	后侧刮碰一次 前碰一次 调整一次	1～3 2～4 2		
直角卸货	15	放货后侧刮压一次 货叉调整不当 刮碰两侧货垛一次 撞货一次 放货不到位 放货偏斜 后倒时后撞一次 放货程序错一步 调整一次	2～3 2 2～4 5 1～2 1～3 1～3 2 2		
倒车左转弯	5	压碰内侧一次 后侧刮碰一次 调整一次	1～3 1～3 2		
倒车右拐直角弯	5	压碰内侧一次 后侧刮碰一次 调整一次	1～3 1～3 2		
停车、下车	5	不放货叉 不放手制动 下车动作不正确	1～3 1～3 2		
总　分	100	(其他扣分)			

注：每处分数扣完为止，以下各项在总分中扣除。

1. 随意停车一次扣1分。
2. 打死轮一次扣2分。
3. 转向盘操作不当扣5分。
4. 各处调整扣分按几何级数增加，超过三次扣41分。
5. 窄通道过不去扣41分。
6. 碰撞货垛后不能及时采取有效措施扣41分。

任务四　叉车在不同仓库中的使用特点

一、库房的类型

在物资储存期间，为了减少外界自然条件对物资的影响，使之在正常的保管期间，保持物资数量准确和质量完好无损，同时为了适应物资的收、管、发、运各个技术环节作业的需要，必须有一个良好的储存场所——库房。库房的基本类型有三种，即地面库、地下库和半地下库。通常，市区仓库多为地面库，山区仓库多为地下库(洞库)。

1. 地面库

地面库通常为钢筋混凝土、预制板、钢骨架、砖木等建筑结构，建造容易，易于通风，地面库有多层库房和单层库房之分。

多层库房又称立体库房，由于它占地面积少，便于机械化、自动化作业，也有利于扩大仓库容积。因此，它是现代仓库重点发展的方向。

单层库房收发作业方便，但占地较多。按其用途可分为封闭式库房（保温库、一般库等）、特种库房（混合结构的机械化库房、高级精密仪表库房、危险品库房、储罐等）、货棚和简易库房、露天货场等。露天货场主要用于物资的装卸、运输和内部周转。

2. 地下库

又称洞库，是指利用山地岩石凿洞建筑的库房，这样库房内的温度适中，四季变化不大，年平均库温等于或略高于当地年平均温度；但夏季易潮湿，需采取防潮措施后，方可达到规定要求；较地面库温易于管理。因地下库需根据地形、石质等条件开凿，故大小和形状各不相同。

3. 半地下库

近年来，城区通常在建筑物水平层以下建设库存空间，属半地下库。因其地点往往位于城市居民生活工作的繁忙区域，要求存储货物性质应无特殊性，而且容积有限，成为周转性临时商品存储的重要场所。这就需要装卸搬运作业都必须适应周边道路、建筑等环境的条件和要求。

二、地面库中叉车的使用特点

地面库中使用机械的范围要比地下库大得多。就库房本身而言，它既可以使用电动机械，又可以使用内燃机械，还可以使用其他动力的机械（如交流电叉车）或其他机械设备进行作业。

作业时，一般由牵引车或其他运输车辆将货物运到库房门口，然后由叉车将其从车上叉下，直接运进库房并堆码成垛或装上货架；对于和铁路专用线直接相边的站台库房，叉车可以从火车厢内直接取走货物运进库房并码垛；对于装卸药品等怕污染物资，在库房内必须使用电动叉车或交流电叉车等进行作业，禁止使用内燃叉车。

三、地下库中叉车的使用特点

由于地下库的湿度一般较大，通风条件相对较差。内燃叉车和牵引车在使用中，其发动机要向外排出废气，这些废气将严重污染库内空气和库存物资。不仅如此，而且发动机的运转噪声加上其在地下库中回声振荡，严重影响叉车司机的正常操作。所以，内燃叉车和牵引车不适宜在地下库中使用。如确需内燃叉车进地下库作业，必须对其排气进行净化处理。

地下库中一般使用电动叉车进行作业，同时为了节约电能和提高工作效率，常配以电动牵引车、手铲车等其他机械协同作业。其作业方法是，电动叉车在洞内负责拆码垛；洞口站台由手铲车、电动叉车或其他机械实施装卸；在洞内站台和洞口之间由电动牵引车或手铲车负责短途运输。地下库的宽度一般较地面库房要小，高度也有一定限制。所以不宜使用大型机械，一般只使用小吨位电动叉车或电动牵引车进行作业。

半地下库与地下库在使用叉车作业的特点和要求类似,不再赘述。

任务五　叉车对物资码垛要求

一、不同物资的码垛特点

物资的码垛,就是根据物资的包装形状、重量、数量和性能特点,结合地面负荷、储存时间、季节气候、装卸形式等因素,将物资按一定规律堆码成各种垛形的工作。物资的堆码方式直接影响叉车作业的效率和物资的保管。合理的堆码,能使物资不变形、不变质,保证物资储存安全;同时还能提高库房的利用率,并有利于对物资的保管、检查、维护和收发。

(一)码垛要求

码垛的要求,主要体现在对码垛物资的要求,对码垛场地的要求和对码垛形式的要求上。

1.对码垛物资的要求

(1)对物资的数量、质量彻底查清、验收完毕后进行。

(2)包装完好,标志清楚。

(3)物资外表的沾污、尘土、雨雪等已清除,不影响质量。

(4)受潮、锈蚀以及发生某种质量变化或质量不合格的部分,已加工恢复或已提出另行处理的物资,均不能与合格品相混杂。

(5)为便于机械作业,该打捆的物资应已打捆,该集中装箱的物资应已集中装入坚固的包装箱。

2.对码垛场地的要求

(1)库内码垛。货垛应存放在墙基线和柱基线以外,垛底必须垫高;库内若有排水沟,则不宜在排水沟上堆放货物。

(2)棚内码垛。棚顶不漏雨,棚的两侧或四周必须有排水沟,棚内地坪应高于棚外地面,最好铺垫砂石或煤渣并整平夯实,也可浇注混凝土地面,码垛时要垫垛,一般垫高200~400mm。

(3)露天码垛。场地应坚实、平坦、干燥、无积水及杂草,场地必须高于四周地面,垛底还应垫高500mm,四周必须排水畅通。

3.对码垛形式的要求

(1)合理。对不同品种、规格、形式、牌号、等级、批次、国别、有效期和不同客户的货物,均应分开序列堆码,不能混杂;选择垛形,必须适合于物资性质特点,有利于货物的保管;充分利用仓容和空间,正确留出垛距道路,符合作业要求,便于装卸、搬运、发放、检查,以及防火安全要求;码垛时要分清先后次序,大不压小,重不压轻,缓不压急,不能围堵货物,便于“先进先出”和收发、检查等工作。

(2)顶垫。一般物资码放,要求物资垛底不能直接接触地板、地面,要有垫木;垛顶不能超过屋梁下弦或天花板及其管道,四周不与墙相靠。一般机械车辆应顶垫大梁和弹簧板部位,解除轮胎和弹簧板的负荷;轿车为防止变形和损坏玻璃可不顶垫。

(3)牢固。堆放稳定结实,货垛稳定牢固,不偏不斜,不歪不倒;必要时采用衬垫物料固定,不压坏底层货物或外包装,不超过库场地坪承载能力;货垛较高时,上部适当向内收小;易滚动的货物,使用木契或三角木固定,必要时使用绳索、绳网对货垛进行绑扎固定。

(4)定量。每一货垛的货物数量保持一致,每行、每层的数量力求整数;每层货量相同或成固定比例递减,能做到过目知数。过磅物资不能成整数时,每层应明显分隔,标明重量,以便于清点和发货。每垛数字标记清楚,货垛牌或料卡填写完整,排放在明显位置。

(5)整齐。货垛堆放排列整齐有序,垛形、垛高、垛距标准化和统一化。垛形有一定规格,成行成列、上下垂直、左右成线,不倾斜倒置。包装外如有标志,则标志一律朝外、字迹向上。垛外张时应用木条或绳子牵直,达到整齐、清洁、美观的要求。

(6)节省。要节省面积,物资尽量码到适当高度,避免少量货物占用一个货位,节约仓容、提高库房利用率。小件物资最好实行箱柜和货架存放,油料最好储到最高安全容量部位,即可多储物资,又可减少油料挥发;同时还要注意妥善组织安排,做到一次码垛成功、节省人力物力、减少不应有的翻堆倒垛。合理使用毡垫材料,避免浪费。

(二)码垛的基本形式

码垛的质量与形式如何,直接影响物流机械的作业效率,特别是影响叉车的叉取和装卸效率。下面就码垛的一些基本形式,分别进行介绍。

1. 重叠式码垛

这种码垛方式是将物资逐件逐层向上重叠码高而成货垛。如钢板、胶合板、集装材料等质地坚硬物质的堆放。由于占地面积较大,且不会倒塌,故采用这种码垛形式。在重叠码垛板材时,可逢十(或五)略行交错,便于记数,如图3-22所示。

2. 通风式码垛

需要通风保管的物资,堆码时每件物资之间都留有一定的空隙,以利通风,如图3-23所示。

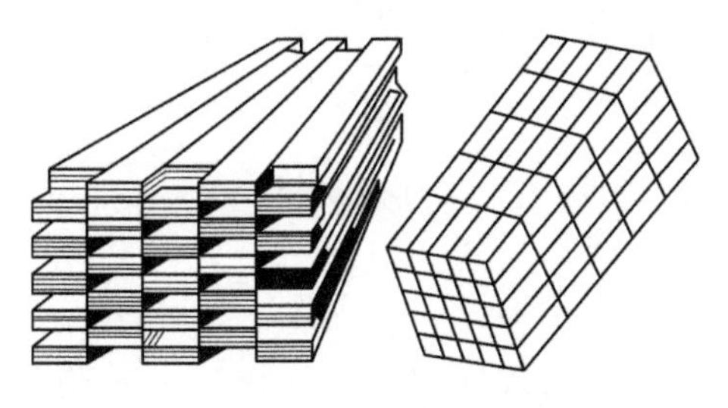

图3-22 重叠式码垛

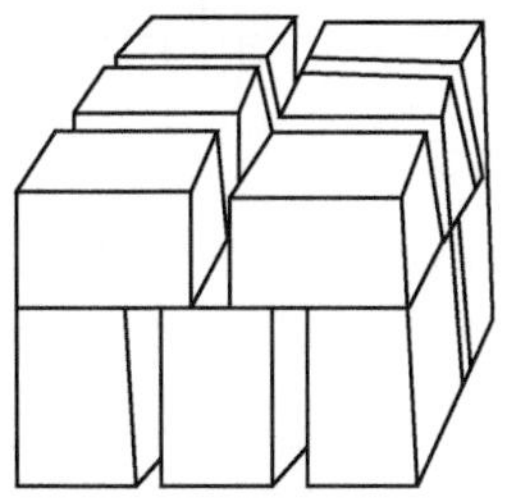

图3-23 通风式码垛

3. 仰伏相间式码垛

将材料仰放一层,再伏放一层或仰伏相间组成小组再码成货垛。这种码垛方式适用于金属材料中的型钢(如槽钢、角钢等)和锭子(如铝锭)的码垛,其缺点是仰放的物资容易积水,如图3-24所示。

4. 植桩式码垛

对于金属材料中的长条形材料(如棒材、管材等),在码垛时,于货垛两旁各植入两到三对木桩或钢棒,然后将材料平铺其柱中;每层或隔几层在两侧的柱子上用铁丝或绳子拉紧,并标明每层的重量,如图3-25所示。

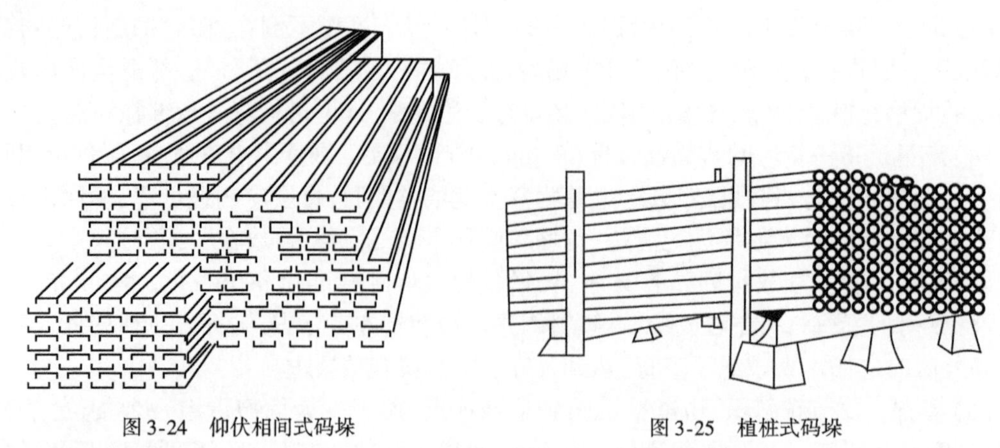
图 3-24 仰伏相间式码垛　　图 3-25 植桩式码垛

5. 鱼鳞式码垛

将圆圈形物资(如电线、盘条等)半卧,其一小半压在另一圈物资上,顺序排列,第一件和最后一件直立作柱或另放柱子;码第二层时,方法与第一层相同,方向相反,这种堆垛稳固,花纹像鱼鳞一般,故称鱼鳞式码垛。

6. 压缝式码垛

将底层排列成正方形、长方形或环形垛底,然后将脊压缝上码正方形或长方形垛底码垛,形成的堆垛其断面成屋脊形,故也称脊压缝式码垛;环形垛底码垛形成的堆垛则是圆柱形,如图 3-26 所示。

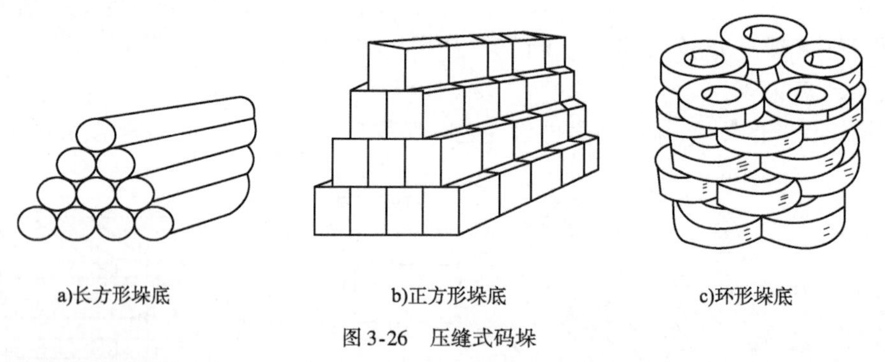
a)长方形垛底　b)正方形垛底　c)环形垛底

图 3-26 压缝式码垛

7. 纵横交错式码垛

将物资纵横交错式上码,形成方形垛。此时,垛形适宜码大垛、高垛,垛形牢固并整齐,如图 3-27 所示。

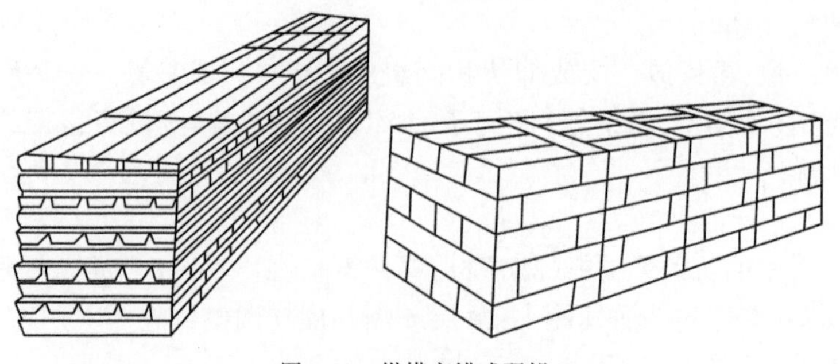
图 3-27 纵横交错式码垛

8. 行列式码垛

有些物资体积大而且重,外形特殊,或需要经常查看其四周是否有渗透变化情况,不宜码成重叠或其他形式的垛。只能排列成行,中间留有通道,以便检查,有利通风。这种码垛方法称为行列式码垛。

9. 衬托式码垛

对四面不整、外形不规则的裸体物资(如电动机、减速箱等)堆码时应加衬垫物,衬垫平整可靠,才能上码。衬垫材料的形状需视物资的外形而定。码放木板、钢材如受库房条件限制,不便交错码垛,则在重叠码垛时为了牢靠,也须用衬垫物。

10. 托盘式码垛

用托盘码垛是将袋物或箱装物资整齐码在托盘上,然后带着托盘逐层上码。这是一种便于物资存放和机械作业的先进方法。用托盘载运和保管货物,既可节省包装材料,又能降低包装成本,还能提高出入库作业效率。

就托盘的式样而言,有平板托盘和框架托盘等。对于软包状物资或怕压物资,最好采用框架托盘;对于木箱、铁箱包装而又不怕压的物资,最好采用平板托盘;对于存放于立体库房的物资,也应采用平板托盘。在平板托盘中,比较理想的是纵横向均可入叉的托盘,如图3-28所示。物资码入此种托盘后,上部用绳子捆扎,前移式叉车从横向入叉,即可将托盘抽出将物资直接托入车皮,节省一道手工装卸作业。

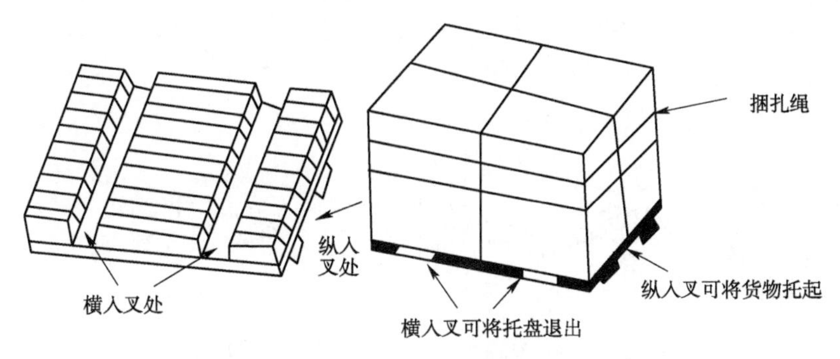

图3-28 纵横均可入叉托盘码垛作业示意图

托盘装运保管货物在运输、搬运、移库等操作过程中是否稳定,取决于装盘方式。托盘上货物的码盘方法通常有a)重叠式码垛、b)纵横交错式码垛、c)旋转交错式码垛、d)正反交错式码垛这四种常用的装盘码垛方式,如图3-29所示。

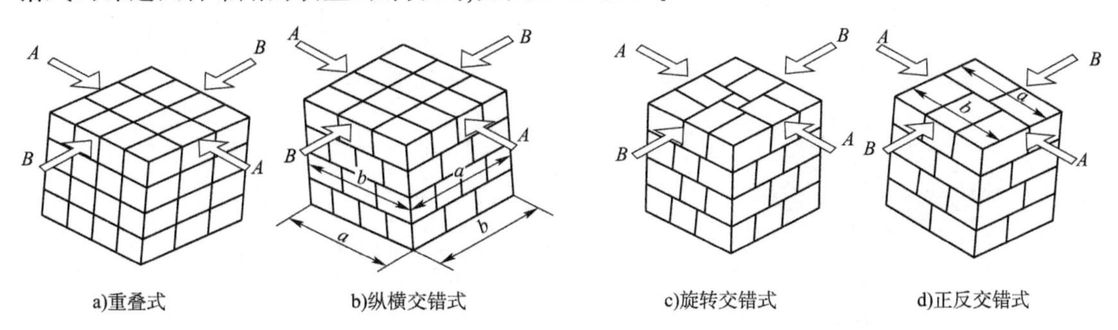

图3-29 码盘方法

重叠式堆码:将货物直上直下垂直码放,各层重叠。优点是码盘速度快、承受力大;缺点是稳定性差、易坍塌。

纵横交错式堆码:同层中以相同方式码放,相邻两层之间旋转90°。优点是装盘简单,有一定稳定性;缺点是各层之间咬合程度不高。

旋转交错式堆码:相邻的货物之间互为90°,相邻两层间旋转180°。优点是咬合程度高,稳定性好,不易坍塌;缺点是操作麻烦,中间会形成空穴,降低托盘的承载力。

正反交错式堆码:同一层中不同列货物旋转90°,相邻两层间的货物旋转180°。优点是咬合程度高,稳定性好、缺点是操作麻烦,下部货物易被压坏。

当一批包装规格不统一的货物,或多批货物须码在同一托盘上时,配装码放是常用的方法(如车站货场)。这时要搭配整齐,码放牢固,便于清点。除此之外,还有三角形码放、梅花形码放、套装码放等码盘方法。

托盘堆码后,还可进行托盘货物紧固以便搬运装卸,方法有捆扎、网罩紧固、框架加固、收缩薄膜紧固、拉伸薄膜紧固、中间夹摩擦材料紧固、专用金属卡具固定、胶带粘扎、平托盘周边垫高等方法,如图3-30所示。

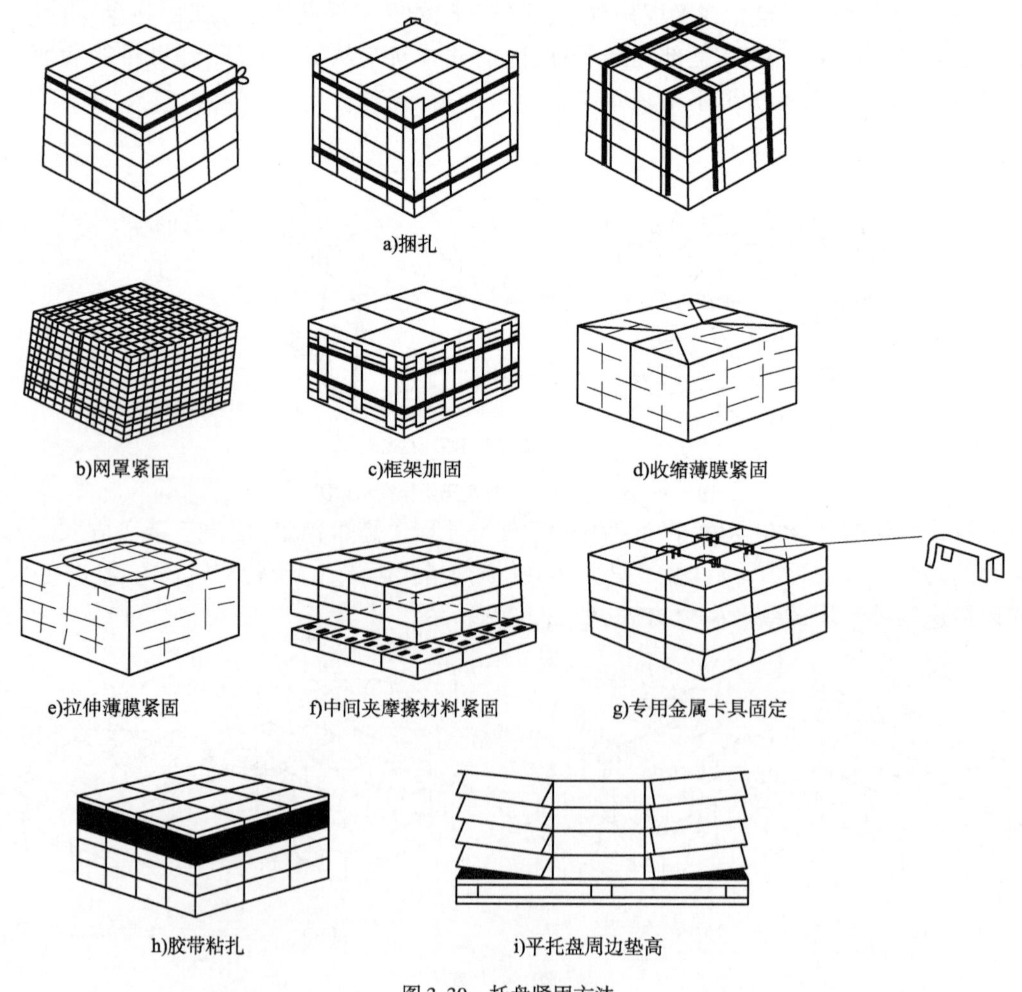

图3-30　托盘紧固方法

11. 集装袋式码垛

用集装袋式码垛是将袋装物资整齐的码放在集装袋内,然后带着集装袋逐层上码。这也是一种便于物资存放和机械作业的先进方法。

集装袋是一种用帆布等材料制成的四方形布块,其形式有两种,即吊袋和托袋。吊袋上通常还缝制有经纬加强带、捆扎带和吊袋,作业时需用吊叉进行;托袋其作用和形式与托盘基本相同,不过作业时需要特制的货叉(比常用货叉薄而宽)和另一套机构(推出器和夹紧装置)进行。

12. 串联式码垛

利用物资中间的管道或孔(如管子零件、轮胎等),用绳子按一定数量串联起来,再逐层码垛。

以上叙述的几种形式,都是在长期实践中积累的行之有效的码垛形式。随着物流机械的品种越来越多,以及性能和功能的不断提高,对物资的作业范围也不断地扩大。因此,不同物资的码垛形式也将随之而改变。但无论码垛形式如何变化,都需要考虑物流机械作业的适应性,以获得机械和物流的最大效率。

例如,对钢材、木材等物资的码垛,一般采用压缝式或纵横交错式码垛,也有的采用直桩式或衬托式码垛,其码垛高度既要考虑库房高度和装卸机械作业的要求,也要考虑到地面对负荷的承受能力。

对于棉被、日常用品等物资,一般先采用蒲席、纸箱、布袋等进行软包装或半硬包装后,再采用纵横交错式码垛方法,码成大垛或采用框架托盘堆码存放形式,托盘与托盘之间采用重叠式码垛,以便于叉车作业。

二、不同物资对叉车性能的要求

物资的物理、化学性质,包装以及采用的装卸搬运形式不同,对叉车性能的要求就会有所不同。

(1)桶装油料装卸作业时,要求叉车带有鹰嘴属具,使其能自动取货和卸货。要采用叉车或进行防爆处理;装卸空油桶则可用专用吊夹具,一次装卸多个桶。

(2)装卸雷管、炸药等易燃易爆危险品时应要求使用防爆型电动叉车,并且要装置封闭式马达。

(3)药品、水果、蔬菜等物资,易被汽油、柴油等烟气熏染,一般也应使用电动叉车(蓄电池或交流电),尤其在库房内,禁止使用内燃叉车作业。

(4)在装卸那些包装间隙较小且易燃易爆的物品时,要求货叉的厚度不能太大,而且由于其怕受冲击和大的振动,因此要求使用电动叉车,并且在叉架上应带有压紧机构,以防货物翻倒、掉落而发生危险。

(5)当大米、面粉、水泥等物资采用吊袋集装时,普通货叉不能作业,需改装吊叉,且不能小于集装袋的负荷。

(6)装卸细长货物(如型钢、木材等)时,普通平衡重式叉车难以作业,不能满足性能要求,应选用侧向叉车作业。

(7)小件、小批量物资,一般用托盘等集装后存放于立体货架、简易货架或调节式货架

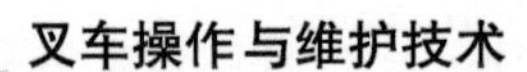

上，由于货架间通道较小，所以要求使用轮胎小、转动灵活的叉车，如使用插腿式叉车或拣选机等作业。

(8)对于用托盘集装的货物，要求叉车的起重能力不得小于托盘的负荷。

(9)散装货物用叉车装卸作业时，要求叉车配有铲斗属具。

(10)装卸其他有特殊要求的物资时，应严格按照规定选择叉车，使其性能符合作业要求。

本项目小结

本项目对叉车驾驶、运输方式与一般汽车驾驶的区别进行了对比分析，详细讲解了叉车的稳定性在叉车安全作业中的重要性。在叉车驾驶训练中，介绍了“8”字行进、侧方移位、通道驾驶、倒进车库与场地综合等项目，以及训练场地设置的相关规定；在叉车叉卸货训练中，介绍了叉取、卸放、码垛等作业的操作步骤、技术要领、注意事项等。本项目阐述了如何对叉卸作业效率进行分析与考核，给出了叉车操作综合考核评分表，可用于实际评分操作。最后，分析了不同仓库、不同货物对叉车性能、叉车操作、货物码垛形式的要求。

关键术语

纵向稳定性　横向稳定性　叉车标贴　“8”字行进训练　侧方移位训练
通道驾驶训练　倒进车库训练　场地综合训练　叉车驾驶考核　叉取作业
卸放作业　拆码垛作业　叉卸货效率　工作通道　工作面
地面库　地下库　半地下库　码垛形式

复习与思考

1. 叉车不同于一般汽车驾驶的特点有哪些？
2. 叉车的稳定性与哪些因素有关？
3. “8”字行进训练法中训练场地怎样设置，操作要领有哪些？
4. 叉车作业训练及考核方法有哪些？
5. 请说明叉车在不同仓库中的使用特点。
6. 简要说明叉车对物资码垛的要求。
7. 物资码垛有哪些主要形式，分别具有什么特点。

实践训练项目

通过训练，驾驶叉车完成叉取、卸放、码垛等装卸作业，并完成“8”字行进、侧方移位、通道驾驶、倒进车库、场地综合等驾驶训练，并按标准和要求进行考核评价。考核标准具体参照本项目表3-1、表3-2。

项目四　叉车安全作业

知识目标

1. 理解叉车司机的安全意识的重要性，了解叉车司机心理活动的基本规律与叉车司机的素质要求；

2. 掌握叉车的技术状况与叉车作业环境对叉车安全作业的影响，了解叉车操作安全管理的规定；

3. 熟悉叉车安全操作技术措施，包括开车前检查、接受调度指令、行驶、取货、放货、完成工作交付等业务流程；

4. 掌握叉车安全事故预防与处理措施，以及叉车安全作业的规则，了解预防叉车事故的新技术。

能力目标

1. 能在叉车驾驶作业过程中，遵守安全操作规则，进行自我安全保护；

2. 能辨析叉车操作事故发生的原因，并且能正确采取预防措施；

3. 能灵活掌握叉车安全操作要领；

4. 遇到突发紧急情况，能够采取有效处理和解决措施。

案例导入

企业叉车虽然只是在厂区内进行装卸运输作业，但如果对厂内装卸运输作业安全的重要性认识不足，违章驾驶、叉车带病运行以及管理不善等，都会造成厂内叉车事故的发生。以下事故案例希望广大叉车司机引以为戒。

(1)明知违章作业危险，但盲目自信和野蛮操作，造成客户伤残的严重后果。某厂叉车司机帮客户李某超载叉装料石，李某爬上叉车后座对车身加重，叉车在装载后退时碰到料石，将李某右小腿骨折，经司法鉴定系10级伤残。

(2)顾情面违章装车，圆木压身害朋友送命。叉车司机甲帮助乙装圆木。司机甲将五根4～6m长的圆木装到拖拉机车箱，粗大的圆木已经超过了车箱的护栏，甲觉得再装不安全，但经不住乙央求，他再一次叉起第六根长达8m、重达1.5t的圆木。这时，乙正站在护栏外指挥装车。在叉车前倾，圆木落到车箱里的瞬间开始滚动，那超出车箱前端一头正冲着乙的头部逼来，乙躲闪不及，慌乱中滚动的圆木沉重地压在其胸部，乙当场休克。

这些案例警示人们，特别是那些企业管理人员，要加强安全生产的规范化管理，以避免不必要的经济损失；另一方面也提醒叉车司机，类似违章操作行为，害人害己千万做不得。

任务：请结合生产作业环境，归纳叉车安全操作的注意事项。

任务一　叉车司机的安全意识

叉车的安全操作主要指叉车的安全驾驶、安全作业以及对叉车安全维护三个方面。从叉车使用中造成的事故来看，它一般涉及人（司机、装卸工、行人）、车（双方车辆）、道路环境以及三者综合因素。一般情况下司机是造成事故的重要原因，负直接责任的要占70%以上。根据叉车运输的特点和对事故的分析表明，影响叉车运输安全的主要因素是叉车司机的素质、叉车的技术状况、作业环境和叉车的安全管理等方面。

一、叉车司机的职业素质

能否避免叉车作业事故的发生，叉车司机素质的高低是一个重要因素。驾驶人员必须经过专门培训，熟悉并掌握叉车结构、性能，并熟练掌握装卸作业技能，经有关部门考核合格，才能独立驾驶叉车作业，不准无证人员上车操作。一名合格的叉车司机，首先要具备良好的安全意识，树立"安全第一，预防为主"的思想；其次还要有良好的心理素质，无论在任何条件下均能做到安全操作；另外，他还要学习掌握安全操作知识，遵守场内交通法规和叉车的安全操作规程及岗位职责。

（一）具备高度自觉的安全意识，牢固树立安全第一的思想

"安全第一，预防为主"是安全生产的一贯方针，叉车司机首要的任务就是要贯彻这一方针。如果叉车司机由于麻痹大意，技术上的无知或失误造成事故，不仅在经济上造成损失不能按时完成生产任务，还可能造成人员伤亡。因此，叉车司机要提高对"安全第一"的思想认识。

（1）要树立安全意识，首先要主动自觉地接受安全教育，掌握各种安全知识，同时参加各种安全活动。

（2）安全意识的形成必须从我做起，从每个细节做起，从学习叉车技术开始就养成良好的工作习惯。安全贯穿于生活和工作每个环节，不可忽视。

（3）树立"安全第一"的思想要变成叉车司机的自觉行动。树立"安全第一"的思想并不是一句空话，它贯穿于工作的全过程。因此，每个司机应该自觉地执行各种法规和规程，不管有没有人检查都一样。另外，司机还要有抵制违章指挥的魄力，不管是谁在要求你违章作业，都要坚决抵制。

（4）树立"安全第一"的思想，不能怀有任何侥幸心理。某一次违章作业也许没有导致事故的必然发生，但它存在着极大的危险性。各种法规和规程都是用血的教训换来的，不能掉以轻心。

（5）使机动车辆司机从思想上认识安全生产的重要性和进行安全技术培训、考核的必要性，提高"安全第一、预防为主"的思想认识。

（二）具备良好的身体素质和心理素质

叉车司机应身体健康（符合车辆司机的要求），反应灵敏，其具体要求是：两眼视力均在0.7以上（包括矫正视力，矫正前必须达到0.4以上），无色盲、色弱；左右耳距音叉0.5m能辨清声音方向；心肺、血压正常；无妨碍驾驶机动车辆的生理缺陷或其他疾病。

车辆伤害事故有时是机械事故引起的,但大多数是由司机的操作失误造成。而操作失误除与操作技术有关外,还与司机的心理状态和心理素质有关。因此,调整自己的情绪,使身体状况处于最佳状态就成为叉车司机必须具备的能力。叉车司机要能够做到以下几点:

(1)要有调整自己心态与情绪的自控能力。无论受到任何外界因素的影响,或工作环境如何恶劣,只要坐在驾驶座椅上,就能控制自己专心致志的工作,控制住自己非安全心理因素,确保行车安全。

(2)要有意识地磨炼自己,要有坚韧性。无论在任何艰苦的环境下作业,作业任务多么艰巨,都能看作是对自己的考验和锻炼,树立克服困难的勇气。

(3)要锻炼处理问题的果断性。在任何紧急的情况下,能够不慌不乱,果断采取适当的措施,排除险情。

(4)摸索自己的生物节律的规律,尽量以最佳的身体状况操作叉车。

(三)牢固掌握安全驾驶技术与安全技术知识

叉车司机应牢固掌握叉车安全驾驶技术并熟练操作叉车;熟悉并遵守交通规则和内部运输安全规程,严格按照操作规程作业;熟悉车辆的性能和构造,能排除常见的故障,并按职责做好车辆的日常维护作业;掌握必要的安全避险常识。

例如,当发动机冷却液温度达100℃时应如何采取措施?有的司机急于排除故障,马上就打开散热器盖,结果被散热器喷出的大量开水和蒸汽烫伤。如果有一定的安全知识,就应该首先打开发动机罩,待冷却液温度降至90℃以下时,再戴上手套,面部避开散热器加水口,打开散热器盖。了解和掌握厂内机动车辆的安全要求和维护要求,并初步掌握常见故障的判断和排除方法。

随着科学的不断发展,新技术、新工艺、新材料的不断推广应用,安全技术学无止境,所以要求每位司机不断学习掌握最新的安全技术知识,保证安全。

(四)具备良好的职业道德

1.叉车司机的岗位职责

(1)刻苦钻研驾驶技术,认真完成上级下达的装运任务。

(2)认真维护车辆,使叉车保持良好的技术状况。

(3)严格遵守厂内的交通规则和安全操作规程,确保行车安全。

(4)努力节约燃料、辅料,降低叉车的运行成本。

(5)热心为客户服务,保证服务质量。

2.叉车司机的职业道德规范

叉车司机的职业道德是社会道德在叉车司机职业上的特殊表现,是在完成了上述岗位职责的前提下所具备的道德水准。

(1)文明行车:思想、工作作风端正,驾驶作风端正,不开“英雄车”、“冒险车”、“赌气车”、“侥幸车”。

(2)安全礼让,遵守纪律。行车时“宁等三分,不争一秒”,该停则停,该让则让。

(3)热情服务,文明礼貌,诚恳待人,讲究配合。

(4)爱护车辆,保证车辆安全、灵敏、可靠。

总之,作为一名叉车司机,要敬业、爱业,要有使命感,除掌握驾驶技能外,还要培养良好的职业道德和驾驶作风，做到文明生产、安全行车。

二、叉车的技术状况

叉车的技术状况保持良好是保障车辆运输安全的基本条件。因此必须做到：

(1)叉车必须是专业厂家生产的合格产品，有产品合格证书，其性能符合安全技术检验标准。

(2)叉车在使用中要有计划地进行维护和维修。

(3)叉车司机在出车前、作业中、收车后要对车辆进行检查，发现故障及时排除。

(4)认真执行国家标准 GB 4387—2008《工业企业厂内铁路、道路运输安全规程》。

三、叉车的作业环境

叉车运输作业环境同样对叉车安全起着重要作用，要尽可能消除作业环境的不利因素，保证叉车作业的安全，就必须做到以下几点：

(1)各种物品码放合理，保证叉车的作业面积。厂区内作业不占用道路，不阻塞交通，同时要不影响司机的视线。

(2)车间、仓库要保证足够的照明。

(3)减少分散叉车司机注意力的交叉作业。

(4)减少厂区或车间噪声，减小对司机的干扰。

(5)保证叉车升降作业的空间。

四、叉车的操作安全管理

叉车操作安全管理是企业安全管理的重要组成部分。国家规定，厂内机动车驾驶作业是特殊作业。为保证职工安全和企业财产不受损失，企业必须加强叉车运输作业的安全管理，主要有以下内容。

1. 建立各种规章制度

要搞好叉车作业的安全管理，企业就必须建立相应的管理制度。根据国家的安全生产方针政策、法规，结合企业实际制订各项安全措施、制度，建立安全管理责任制度。具体为：

(1)叉车的安全操作规程。

(2)厂内道路交通管理规则。

(3)司机的安全技术考核制度。

(4)司机的安全教育制度。

(5)车辆的检验制度。

(6)车辆的维护制度。

(7)车辆的修理制度。

(8)车辆的技术档案管理制度。

(9)安全管理责任制度。

2. 建立健全车辆安全管理机构

为加强司机安全管理，设置专职管理人员，是做好车辆安全管理的组织保证。企业要有负责叉车安全的主管领导，车辆多的单位要有专门机构，同时要设有专（兼）职安全管理人员，职责明确，落实到人。在考核、评比工作中必须把安全工作作为一项主要内容，并执行安全一票否决制。

3. 加强对叉车司机的管理

（1）组织对叉车司机进行安全理论知识和技术实际考核。

（2）对叉车司机进行等级注册及档案管理。

（3）核发叉车驾驶操作证。

（4）对叉车司机进行定期身体检查。

4. 安全教育

应经常对叉车司机及有关管理人员进行安全教育、培训和检查，增强叉车作业相关人员的安全意识。安全教育的主要内容有安全生产方针政策、遵章守纪、技术培训、典型经验和事故案例教育等。

5. 安全检查

定期和不定期或阶段性的开展安全检查活动，主要目的是发现司机的违章行为和车辆隐患，及时加以解决，这是发现隐患和预防事故发生的重要措施。对叉车司机（包括车辆技术状况）操作情况现场抽查和“跟车”检查是安全检查的有效方法。

对司机主要检查其安全意识、遵章守纪、安全操作和对车辆的维护情况等，督促司机控制自己的不安全行为。

对车辆的检查，可以消除不安全状态，保证车辆的技术状况，尤其对操作装置和安全装置性能的灵敏可靠，符合叉车安全技术检查标准。可以发现车辆的安全管理、使用、维护和运输作业环境等方面的问题，以便及时解决。

结合检查工作可以组织开展安全操作评比活动，还可以总结并推广经过长期实践探索出来的安全行车操作宝贵经验和护车经验，如举办安全行车经验交流会、安全操作现场表演会、编写安全行车经验的小册子等多种形式，利用先进典型人物宣传和经验交流开展切合实际的安全教育，是预防、减少事故的有效措施。

6. 车辆事故的处理

由叉车造成的人身伤亡事故称车辆事故。车辆伤害事故的管理是指，由于车辆造成的人身事故的调查、分析、处理、报告和登记等。对车辆伤害事故的处理，应该查清事故的经过、原因和责任。做到原因分析准确，责任清楚，措施得力。

7. 安全技术措施

实施安全技术措施的主要目的是改善叉车装卸作业环境，提高车辆的安全技术状况，保证司机的安全和健康。

任务二 叉车安全操作技术措施

叉车司机操作的一般程序如图4-1所示。在这个作业流程中还包括起步、换挡、制动、转弯、会车和让车、倒车、掉头等具体的操作细节，都与安全操作密切相关。

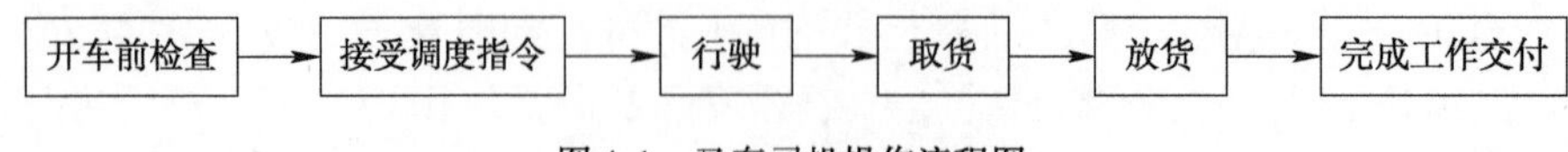

图4-1 叉车司机操作流程图

一、开车前检查及接受调度指令

为了保证安全，在叉车作业前司机应熟悉作业场地和车况性能，对叉车进行认真、细致、全面的检查。主要检查内容包括以下几项。

1. 车身外表部分

(1)叉车外表应整洁，车身应周正，左右对称，外表不得有明显的凸起及塌陷；

(2)车身平整美观，线条流畅，漆色整洁协调统一，无较严重的掉漆；

(3)车上座垫、扶手安装牢固，行车中无松动及异响现象。

2. 发动机部分

(1)发动机整洁，运转平稳，动力性好，无异响，容易起动，容易关闭熄火；

(2)点火系统、燃料系统、润滑系统、冷却系统机件齐全，性能良好、安装牢固，散热器内应加满水；

(3)各油管接头、水管接头、排气管、各附件线路及管路不磨不碰，无损坏、松动和漏油、漏水、漏气等现象；

(4)接通叉车开关，显示仪表所显示的蓄电池电量应不低于20%；

(5)发动机润滑油必须清洁，油量必须达到规定的标准；

(6)行驶前发动机起动后空转5min左右，待冷却液温度升至60℃以上方允许全负荷作业。

3. 传动系统

(1)离合器分离时彻底，接合时平稳、不打滑、无异响，踏板应有适当的自由行程；

(2)变速器无跳挡、乱挡，差速器不缺油、不漏油、无异响现象；

(3)各部位连接螺栓齐全紧固。

4. 转向系统

(1)转向盘应有一定的自由转动量，但不得大于制造厂出厂规定；

(2)转向操作轻便灵活，行驶中不得有轻飘、摆振、抖动、阻滞及跑偏现象；

(3)转向系统不得缺油、漏油，固定托架或其他属具必须牢固；

(4)将转向灯开关分别打到左右位置，分别检查前后的转向灯；打开大小灯开关，分别检查前后大小灯。

5. 制动系统

(1)踩下行车制动踏板，车尾的制动灯应全亮，离合器踏板及行车制动踏板具有灵活性和可靠性，行车制动踏板应有适当的自由行程，不得大于或小于制造厂出厂规定；

(2)试制动前观察好前后左右车辆情况，保持足够安全距离，防止跑偏或突然制动失效而造成事故；

(3)先低速行驶试制动，行车制动器应在第一次踩踏能达到较好的制动效果，并无跑偏或突然制动失效现象，不准高速试制动，防止发生危险和损坏车辆；

(4)拉紧驻车制动器能产生制动作用,在一般坡道上,车辆不自动滑溜,拉杆或拉线等机件应完好无损。

6. 操纵液压起重装置

(1)各操纵机构均应操作灵活,工作可靠;

(2)油泵分配阀、起升油缸、倾斜油缸等不漏油;

(3)各连接部位必须牢固可靠;

(4)起重门架及货叉必须安装牢固,任何部位不得有裂缝,并不得随意拼凑焊接;

(5)起重传动链条工作可靠,装配应松紧适度,装配角度正确,链条传动齿轮、滑轮各部螺栓齐全有效,润滑良好,行驶或作业中不抖动,无异响。

7. 行驶系统

(1)车架不得有变形、开裂或锈蚀,各部位螺母、螺栓、铆钉不得短缺、松动,底盘需均匀涂漆;

(2)底盘减振钢板或减振弹簧安装牢固,不得有断裂现象;

(3)同一桥上左、右车轮应装用同型号、同花纹的轮胎,轮胎气压充足(实心轮胎则不必检查);

(4)轮胎应完整无损,安装松紧适度,各部位螺栓齐全紧固有效;

(5)除去嵌在轮胎纹路间的石子和杂物。

8. 灯光电器系统

(1)所有灯光开关要安装牢固,开启、关闭自如,不得因振动自行开闭、松脱或改变光照方向;

(2)喇叭、转向灯、制动灯及各仪表必须齐全,工作良好;

(3)必须使用低噪声,并不得有怪叫声;

(4)所有电器导线均须捆扎成束,布置整齐,固定卡紧,接头牢固;

(5)蓄电池外表清洁,固定牢固,电池内的电解液的液面应达到规定标准。

另外,叉车上配对的两货叉的叉厚、叉长应大致相等,两货叉垂直段与水平段夹角也应一致。两货叉装上叉架后,其上水平面应保持在同一平面。电动叉车除应检查以上内容外,还应对其电路进行检查。

以上准备工作完成后,叉车司机才能接受调度指令作业,开始取货工作,严格按照要求完成装卸工作。

二、叉车的行驶

(一)叉车的起步

叉车起步前,观察四周,须先检查车旁和车下有无人、畜和障碍物。确认无碍后,关好车门,先鸣笛,后起步。起步时,应先踩下离合器踏板并挂挡,然后松开驻车制动器,并通过视镜查看前方有无来车,再缓松离合器,适当踩下加速踏板,缓缓起步。夜间、浓雾天气及视线不清时,须同时开启前、后灯光。

正确的起步,应使车辆平稳而无冲动、振动、硬拉及熄火现象。只有根据地形和负荷情况正确选择挡位,注意离合器踏板、加速器踏板及驻车制动器的妥善配合,才能使车辆平稳起步。

1. 起步操作方法

起步放松离合器踏板时,开始可较快;当离合器开始接合,车身有轻微抖动,踏板有顶脚感觉时,踏板放松的速度应减慢,同时还要缓缓踩下加速器踏板,使发动机转速逐渐提高,动力增大后车辆便平稳起步。车辆起步移动后,应迅速将离合器踏板完全放松。

2. 上坡起步

在上坡途中起步时,应一手握紧驻车制动器,一手把牢转向盘对正方向,一脚适当踩下加速器踏板,另一脚同时相应缓慢放松离合器踏板。当离合器已进入接合状态时,要进一步放松制动杆并完全放松离合器踏板。以上几个动作必须配合适当,否则车辆将会后溜或熄火。不允许不使用驻车制动器,而用右脚兼踩加速器踏板和制动踏板的方法在上坡道上起步。

3. 下坡起步

在下坡道上起步,挂上变速器挡位后,应缓慢松开离合器踏板,在缓缓踩下加速器踏板的同时放开驻车制动器。

车辆起步后,应调整百叶窗或散热器帘布的开度,使发动机迅速升温,并保持冷却液温度稳定在 80 ~ 90℃。

气压制动的车辆,制动气压表读数须达到规定值才可起步。叉车在载物起步时,司机应先确认所载货物平稳可靠。

叉车行驶时,货叉底端距地面高度应保持 300 ~ 400mm、门架须后倾,载荷必须处在不妨碍行驶的最低位置,门架要适当后倾,除堆垛或装车时,不得升高载荷。进出作业现场或行驶途中,要注意上空有无障碍物刮碰。载物行驶时,如货叉升得太高,还会增加叉车总体重心高度,影响叉车的稳定性。

(二)叉车的换挡

1. 低速挡换高速挡时的操作

车辆起步后,只要道路和地形允许,均应迅速及时地换入高速挡,即升挡。换挡应先逐渐踩下加速器踏板加速,把车速提高到适合换入高一级挡位的时机,然后使用两脚离合器法挂入新的挡位。

具体的操作方法:当车速升至适合换入高一挡的时机时,立即抬起加速器踏板,同时踩下离合器踏板,将变速杆挂入空挡位置,随即抬脚松开离合器踏板;接着再踩下离合器踏板,并迅速把变速杆换入高一挡位;然后边抬离合器踏板,边踩下加速器踏板提高车速。

以上操作的目的是在第一次抬起离合器踏板时,利用发动机的怠速使变速器第一轴齿轮减慢转速,以达到将要啮合的一对齿轮的轮齿圆周线速度相等的目的。抬起离合器踏板时间的长短,取决于换挡前的车速,车速越高,抬起离合器踏板的时间就越长;反之越短。另外,换挡前的车速太高则发动机的转速就会过高,这对发动机不利。因此,换挡前的加速时间不宜太长,车速不宜过高。

2. 高速挡换低速挡时的操作

由高速挡换低速挡,即减挡。换挡应在感到发动机动力不足,车速降低,原来的挡位已不适合继续行驶时进行。减挡的两脚离合器操作法具体如下:

抬起加速器踏板的同时,踩下离合器踏板,随即把变速杆移入空挡,接着抬起离合器踏板,同时踩下加速器踏板(即加空油),再迅速踩下离合器踏板,将变速杆换入低一级挡位,然后放松离合器踏板,同时踩下加速器踏板,使车辆继续行驶。

以上操作方法的目的在于空挡加空油时,提高变速器第一轴的转速,使将要啮合的两个齿轮的轮齿圆周线速度趋于一致,以达到齿轮平顺啮合的目的。在操作的过程中,加空油的程度随车速与挡位而定。挡位越低加空油越多,车速越高加空油越多。例如,三挡换二挡时就比四挡换三挡所加的空油要多些;同样是三挡换二挡,车速为 20km/h 比 10km/h 时加的空油要多些。

(三)叉车的制动

车辆在行驶中经常受到地形、路面条件和交通情况的限制,司机应根据实际情况操纵制动装置来实现减速和停车,以确保行车安全。正确和适当运用制动的标志是使车辆在最短距离内安全停止而又不损坏机件。制动方法可分为预见性制动和紧急制动两种。

1. 预见性制动

司机在驾驶车辆行驶中,对已发现行人、地形和交通情况的变化或预计可能出现的复杂局面,提前做好思想上和技术上的准备,有目的地采取减速和停车的措施,这叫预见性制动。预见性制动不但能保证车辆行驶安全,而且可以节约燃料,避免机件、轮胎受到损伤,因此是最好的也是应当经常掌握运用的方法。具体操作方法如下:

(1)减速。发现情况后,应先放松加速器踏板,利用发动机的怠速降低车速,并根据情况间断缓和地轻踩制动踏板,使车辆平稳停止。

(2)停车。当车速已减慢并将要达到停车地点时,及时踩下离合器踏板,将变速杆拉入空挡,同时轻踩制动踏板,使车辆平稳停止。

2. 紧急制动

车辆在行驶中遇到突然危险的情况时,司机用正确、敏捷的动作使用制动器,迅速停车,达到避免事故的目的,这叫紧急制动。紧急制动时车辆的机件和轮胎会受到损伤,而且容易造成车辆侧向滑移及失去方向控制的现象,故只有在万不得已的情况下才使用。具体的操作方法如下:

握紧转向盘,迅速放松加速器踏板,并立即用力踩下制动踏板,必要时还要同时用力拉紧驻车制动杆,以发挥车辆的最大制动能力,使车立即停止。

在较差路面上进行紧急制动时,宜采用间断制动法,以避免产生侧向滑移和失去方向控制,即在遇到紧急情况时,要强烈地踩下制动踏板达到踏板全行程的 3/4 左右,随即迅速松回约 1/4 行程,然后又猛烈踩踏板到 3/4 行程左右。这样间断、迅速、短促地猛踩和微松制动踏板 3 ~4 次,最后使车辆停止。

(四)叉车的转弯

车辆在弯道上行驶视线往往不良,注意力又易放在转向上,比直路容易发生碰撞危险。这就要求在视线不良的弯道上行驶必须做到“减速、鸣笛、靠右行”。减速可以防止离心力过大而使车辆失稳、失控,便于有效地操纵车辆;鸣笛可在车辆未到转弯处而提前告诉对面的车辆和行人,以引起其注意及时避让;靠右行驶即各走自己的路线,双方车辆交会时能避免相撞。

在平路上遇到视线清楚的转弯,如前方无来车和其他情况,可以适当偏左侧(俗称小转弯)行驶。利用弯道超高加宽抵消离心力的作用,可以适当提高弯道行驶的速度,并能改善车辆行驶的稳定性。

右转弯时,要待车辆已驶入弯道后再把车完全驾向右边,不宜过早靠右。否则会使右后轮偏出路外或导致车辆被迫驶向路中,而影响会车。

叉车由后轮控制转向,所以必须时刻注意车后的摆幅,避免初学者驾驶时经常出现的转弯过急现象。注意车轮不要碾压物品、木垫等,以免碾压物飞起伤人。

(五)会车和让车

车辆在行驶中,随时都有可能与对行车辆相遇。为保证车辆的安全交会和畅通,每个司机都必须做到"礼让三先",即会车时要先让、先慢、先停,并选择适当的地点,靠右侧通过;夜间会车,须距对面来车 150m 以外,将远光灯光变为近光灯,互为对方创造顺利通过的条件。

车辆在企业内行驶时,时常在狭路、车间、货场、仓库、路口及其他地点与其他机动车、非机动车相会,为保证各种车辆的安全畅通,根据交通规则的有关规定,结合企业内道路和车辆的运行特点,对会车特做如下规定:非机动车让机动车;低速车让高速车;空车让重车;装载一般货物的车让装载危险物品的车;下坡车让上坡车(下坡车已行驶中途,而上坡车未上坡时,上坡车让下坡车);各种车辆让执行任务的消防车、救护车、工程救险车;本单位车辆让外单位入厂车辆。

会车和让车的基本要求是:每个司机都必须做到"各行其道"、"礼让三先",不开"英雄车"、不争道抢行,以确保企业内机动车的安全通畅。

(六)倒车和掉头

车辆在企业内运行,由于运行距离短,掉头和倒车的次数比较频繁。机动车在掉头和倒车时,司机的视线将受到一定程度的限制。因此,视线受限、观察不周及其他原因,使车辆掉头或倒车时发生的事故较多。为此,在车辆掉头和倒车时必须做到。

1. 掉头

车辆掉头应尽量选择宽阔路面或场地,由右向左进行一次掉头。掉头时要提前观察前后左右的情况,及时发出掉头信号,在不影响其他车辆行驶的条件下,进行掉头。

车辆掉头是为了使车辆向相反的方向行驶。掉头时必须严格遵守交通规则和安全规程的要求,在确保安全的前提下尽量选择易于掉头的起点,如交叉路口或平坦、宽阔、土质坚硬的路段。应避免在坡道上、狭窄路段和交通繁杂之处掉头,严禁在桥梁、隧道、涵洞或铁路的交叉道口等处掉头。

(1)一次顺车掉头。在较宽的道路上,采取大迂回一次顺车 180°转弯行驶的方法掉头,既方便迅速,又安全经济。掉头时,预先发出信号并减速,得到指挥人员示意许可后,即挂入低速挡,轻踩加速器踏板慢速行驶掉头。

(2)顺车和倒车相结合掉头。当路面狭窄不能一次顺车掉头时,可采用顺车和倒车相结合的方法掉头。操作时可分为三个步骤进行:

①降低车速。挂入低速挡,靠路右侧驶入预定掉头的地点。随后迅速将转向盘向左转到极限位置,使车慢慢驶向道路的左侧。当前轮将要接近左侧路缘时,即踩下离合器踏板并轻踩制动踏板,在尚未完全停止之前,迅速将转向盘向右转足,并将车停稳。

②车辆停稳后即挂入倒挡，起步慢行。待车辆倒退接近原来右侧路边时，即踩离合器并轻踩制动踏板，在车辆完全停下之前，向左迅速转动转向盘，为下次起步转向做好准备。

③车辆停稳后即挂入低速挡起步，则车辆向左转驶出，最后车辆的方向与原来方向相反，掉头完成。

当路面狭窄，一次前进与后退不能完成掉头时，可反复操作多次。操作时要注意，车辆在反复前进、后退时，前后左右车轮在行驶时是不与路边平行的，因此应以先接近路边的车轮为准来判断车的位置。如路边有障碍物限制，则前进时应以前保险杠为准，后退时以车厢板或后保险杠为准。

(3)利用支线掉头。在十字路口或丁字路口，可以利用支线掉头。当支线在路右侧时，使车辆先在干线靠右侧行驶，通过了路口后即停止。然后右转弯倒车驶入右侧支线。车辆完全倒入支线后，即左转弯由前驶出而实现了掉头。如支线在左侧，则应将车辆在干线左转弯驶入支线，然后倒车右转弯驶入干线右侧而完成掉头。

2. 倒车

在货场、仓库、车间、窄路等地段调头比较麻烦，或依次调不过去需倒车时，一定要认真观察车后情况，适当控制车速，并鸣笛示意。倒车时，应有专人站在车辆后方一边(司机容易发现的位置)指挥倒车。倒车时不仅要注意车后部的情况，也要兼顾车前轮的位置，避免车前部位碰撞障碍物。车辆在交叉路口、桥梁、隧道、陡坡和危险地段不准倒车。

(1)倒车的操作方法。在车辆运行和装卸搬运作业过程中，是需要经常倒车的。由于倒车时视线受到限制，感觉能力削弱，因而车辆倒行的方向与位置较难掌握。另外，倒车转向时，原来前轮转向变为后轮转向，原来后轮转向变为前轮转向，这与通常控制转向的主观感觉有差异，且控制转向的位置也起了变化，因而使得倒车没有前进那样顺手、方便、灵活和准确。

通常，倒车时应先将车辆停稳，看清周围的情况，选定倒车路线和目标，注意前后有无来车、行人。如果倒车路上可能碰上障碍物，必要时应下车查看，然后按情况需要将变速器挂在倒挡的合适挡位，适当鸣笛，并选用合适的驾驶姿势和操作方法。倒车时应注意控制好车速，不可忽快忽慢，以防止发动机乏力而熄火或倒车过猛而造成危害。

(2)倒车的驾驶姿势。根据车辆的类型、轮廓和装载的宽度、高度及交通环境，倒车时可采用以下三种姿势：

①注意后方倒车。对汽车和有驾驶室的车辆，则为注视后窗。操作时，左手握转向盘上端，上身向右侧转，下身倾斜，右手依托在靠背上端，头转向后方，两眼注视后方目标进行倒车。

②注视侧边倒车。当驾驶室遮挡侧后方目标时，可采用此法。操作时，左手打开车门，手扶在旁边的车门窗框上，右手握住转向盘的上端，上身斜伸出驾驶室，头转向后方，注视后方的目标。在一般情况下，两脚不得离开驾驶室。

③注视后视镜倒车。此法难度较大。但驾驶经验丰富、操作熟练、倒车距离短时也可以采用。例如，在道路右侧转弯倒车时，可通过右侧观后镜推断后轮与路缘的距离进行倒车。

(3)倒车目标的选择。注视后方倒车时，可在车厢后两角、场地、库门或靠近处的物体选择适当的目标，然后根据目标进行倒车。

由侧边注视倒车时,可选择车厢后角、后轮、场地或停靠近处的物体选择适当的目标,然后根据目标进行倒车。

注视后视镜倒车时,在后视镜中可出现路缘和车身边缘的映像。如果两者距离过大,则表明车辆过于靠近路中。

如有人指挥倒车,必须与指挥人员密切配合。无论采用何种方法倒车,在倒车前必须了解车后道路及环境情况,确知倒车的稳妥范围后,方可进行倒车。

(4)倒车方法

①直线倒车。车轮保持正直方向倒退。转向盘的运用与前进时一样,如车尾向左(或右)倾斜,应即将转向盘向右(或左)稍稍转动,当车尾摆直后即将转向盘回正。

②转向倒车。操作要领是“慢行车,快转向”。若想车尾向左,则应向左转动转向盘;若想向右,则转向盘右转。特别要注意在绕过障碍物的时候,前轮转向的车易发生外侧的前轮或车身刮碰障碍物的现象。

(七)交叉路口的通过

机动车通过交叉路口简称“过叉”。交叉路口的特点是车多、人多、事故多。对十字路口来说有四个路口,每一个路口有三个不同方向行驶的车辆,一是直行,二是右转弯,三是左转弯。也就是说,十字路口共有十二个不同方向行驶的车辆,这些车辆皆通过十字路口。对司机来说,过十字路口,要做到“一慢、二看、三通过”,严禁争道抢行。机动车辆通过工厂大门、车间、仓库、货堆通道、弯道处以及交叉地段,亦必须符合上述要求,遵守安全行车规定,保证通过各种交叉道口行车安全。

注意:叉车在行驶途中,根据路面状况及时修正方向,要少打、少回、不可曲折蛇形;在不平坦路面上行驶时要慢行。叉车完成装卸作业时,进出车(库)门是非常频繁的,倒车也很多,转向要准,不可剐蹭车(库)门或经常倒车重来,注意这一点对安全生产、提高作业效率十分有利。

(八)叉车行驶路线上的视线盲区

厂区的车辆要经常在货堆、建筑物之间行驶,因此存在着较大的视线盲区。在这些盲区内,常常会驶出车辆或走出行人。如果驾驶人员和行人稍有违章或疏忽,就很容易发生行车事故。垛与垛的空隙中,路边的车间、办公室门口等处是最容易发生事故的地方。

例如:车辆在道路上行驶时,如果有车辆停放在路边而影响了横过道路的行人视线,使其看不见穿过道路的车辆,在这种情况下,就可能使横过道路的行人受到车辆伤害。这是因为行人往往只看到停放路边的车辆,而没有注意到停放车辆左后方驶来了车辆,那么正常行驶车辆的司机稍一疏忽就可能发生伤亡事故。

另外在两车交会时,也容易对司机和行人造成视线障碍,形成视线盲区。例如:行人从车后横过马路时,由于在车尾部看不到交会车的情况,而发生迎面来车相撞的事故。为此,车辆司机在通过上述视线盲区时一定要注意观察,并控制好车速,以防因出现突然情况躲避不及而发生事故。

(九)叉车行驶速度

通常所说“十次肇事九次快”,就其根本原因在于:车速快大大降低了司机对所驾驶车辆的正确操作和所驾驶车辆的稳定性;“快”延长了司机的反应速度和机械反应时间内车辆所行驶的距离以及车辆本身的制动距离,扩大了车辆的制动非安全区;"快"使车辆在转弯时,由于离心力的作用,容易导致侧滑或翻车;"快"容易使车辆驾驶失控和操作的准确性降低;"快"会加大车辆机件的磨损、疲劳、破坏和性能降低,从而造成机械故障导致事故发生。不论在什么条件下,时速不能超过最高限额,速度的选择应取决于行驶中的实际状况,同时必须保证安全。

三、叉车的取、卸货作业

叉车司机不仅需要过硬的驾驶技术,而且还要有熟练的操作技能。司机应根据装卸作业的具体情况正确操作叉车,尽可能用最短的时间完成一次装卸任务。"快"应以安全为前提,以准和稳为基础。叉车在起步后,很快加速,使叉车全速行驶;在行驶过程中观察要叉取货物的位置及要堆放的货垛高度,并在叉车减速滑行时把货叉高度、倾角调整好;运行到目的位置后便可叉取(卸)货物。

在叉车作业中应能准确进放货叉,如果叉不准,可能会叉破货物或托盘,甚至把货物推倒、撞塌;即使没有造成上述后果,至少需要倒车,调整货叉高度、方向和倾角后重新叉取,延长了作业时间。用叉车码垛货物时,要力争一次码放成功,避免多次调整。特别是在集装箱内,要熟练掌握各种货物在集装箱内的码垛方法,不可盲目乱放,反复挪动。

值得注意的是,叉车在取卸货作业过程中,要求起步或停车时没有冲击,行驶时不颠簸摇晃。带货起步时要稳,应掌握好离合器踏板与加速踏板之间的配合,严格按起步要领去做。在停车时,根据车速的快慢适当运用制动,特别是在叉车将要停住时,适当放松一下踏板,再施加压力,即可平稳停住。不得急刹车,以免产生货物倾覆的危险。重载叉车行驶时车速不宜过快,一般情况下,货场内不超过15km/h,站台上不超过10km/h。

在站台上叉取货物时,货叉只能与站台顺向叉取,在必须横向插取时,应有一定的安全防护措施。在铁路站台上行驶时,应保持叉车距站台边沿0.3m以上。不准在码头岸边直接叉装船上货物。

四、完成工作,交付指令

叉车司机完成装卸任务后,应及时向调度员交付指令,并检查叉车状况,发现问题及时报告,如无问题,把叉车停在指定的地方。日常存放叉车应注意以下操作要点:

(1)把换挡手柄置于空挡,拉上驻车制动手柄;

(2)关闭钥匙开关,操作多路阀操纵手柄数次,以释放油缸和管路中的剩余压力;

(3)取下钥匙放在安全处保管。如路面不平,应用楔块垫住车轮,以防车辆自然滑动。

任务三 叉车安全事故的预防与处理

大小各式的叉车是厂区与工程施工单位最常使用的一种作业车辆,叉车的使用给企业带来效益的同时,随之而来的是大量令人头疼的叉车伤人事故。对安全驾驶的重要性认识不足,思想麻痹,违章驾驶,以及车辆带病运行等,都会造成车辆伤害事故。这不仅会影响企业的正常生产,还会给企业和职工造成不必要的损失。为此,本节着重对厂内机动车辆伤害事故的主要原因、常见事故形式与事故预防进行分析,以提高驾驶人员和安全管理人员的安全意识。

一、厂内车辆事故的种类

根据国家有关部门对全国工矿企业伤亡事故统计表明,发生死亡事故最多的是厂内交通运输事故(约占全部工伤事故的25%)。其中,坠落事故占17.1%。

厂内车辆伤害事故有着一定的规律性。首先,车辆伤害事故与时间有关,每天7:00~15:30的事故最多,占全部事故的59%。其次,和司机年龄有关,一般发生在18~40岁的人居多,其中18~25岁的占25%,25~40岁的占32.5%。人的各个部位受伤情况也不同,头部受伤占12.5%,手臂受伤占23.49%,躯体受伤占19%,腿、脚受伤占45.1%。

厂内车辆伤害事故的发生,通常是叉车操作过程中技术不符合规范等原因导致的。例如:叉车上堆货太高,阻碍视线,前行时不知前方有人发生夹人事故;高速行驶或转弯时视线不畅造成事故;司机以外的人,与货同车,摔下;车辆倒车时视线被挡造成事故;升起货物时,货物散落砸伤人;正修理叉车时,未采取防护措施,货叉落下砸伤人等情况。

具体而言,厂内车辆伤害事故可分为以下情况。

(1)按车辆事故的事态分:碰撞、碾轧、刮擦、翻车、坠车、爆炸、失火、出轨和搬运、装卸中的坠落及物体打击等。

(2)按厂区道路分:有交叉路口、弯道、直行、坡道、铁路道口、快窄路面、仓库、车间等行车事故。

(3)按伤害程度分:有车损事故、轻伤事故、重伤事故、死亡事故。

二、车辆伤害事故的主要原因

车辆伤害事故的发生与车辆的技术状况、道路条件、作业环境,尤其是司机的思想状况、操作技能和应变能力等一系列因素有关,主要是涉及人(司机、行人、装卸工)、车、道路环境这三个综合因素。其中属于司机的不安全因素往往是主要的。据有关资料分析,一般情况下,司机是造成事故的主要原因,负直接责任的占统计的70%以上。

在司机的不安全因素中又包括两方面,司机在驾驶中精力是否集中,有无麻痹大意思想;遵纪守法的自觉程度如何。大量的厂内机动车辆伤害事故统计分析表明,事故主要发生在车辆行驶、装卸作业、车辆检修及非司机驾车等过程中。从各类事故所占比例看,车辆行驶中发生事故占44%,车辆装卸作业中发生的占23%,车辆检修中发生的占7.9%,非司机开车肇事占16.5%,其他类型的事故占8.6%。由此不难发现,车辆伤害事故的主要原因都集中在司机身上,而这些事故又都是司机违章操作、疏忽大意、操作技术等方面的错误行为造成的。

为了吸取教训,杜绝事故,现将厂内机动车事故的主要原因分析如下。

1. 违章驾车

指事故的当事人,由于思想方面的原因而导致的错误操作行为,不按有关规定行驶,扰乱正常的厂内搬运秩序,致使事故发生。如酒后驾车、疲劳驾车、非司机驾车、超速行驶、争道抢行、违章超会车、违章装载等原因造成的车辆伤害事故。

2. 疏忽大意

指当事人由于心理或生理方面的原因,没有及时、正确地观察和判断道路情况,而导致失误。如情绪急躁、精神分散、心理烦乱、身体不适等都可能造成注意力下降,反应迟钝,遇到情况采取措施不及时或不当;也有的只凭主观想象判断情况,或过高地估计自己的经验技术,过分自信,引起操作失误导致事故。其主要表现是:

(1)车辆起步时不认真观察周围情况,也不鸣笛,放松警惕。

(2)驾驶中和装卸过程中与他人谈话、嬉笑、打逗,操作不认真,不进行瞭望观察。

(3)急于完成任务或图省事。

(4)操作中不能严格按规程去做,自以为不会有问题。

(5)在危险地段行驶或在狭窄、危险场所作业时不采取安全措施,冒险蛮干。

(6)不认真从所遇险情和其他事故中吸取教训,盲目乐观,存有侥幸心理。

(7)每天驾车往返同一路段,易产生轻车熟路的思想,行车中精神不集中。

(8)厂区内没有专职交通管理人员和各种信号标志,司机遵章守纪的自我约束力差。

3. 车况不良

(1)车辆的安全装置如转向、制动、喇叭、照明、后视镜和转向指示灯不齐全有效。

(2)蓄电池车调速失控造成“飞车”。

(3)翻斗车举升装置锁定机构工作不可靠。

(4)吊车起重机的安全防护装置,如制动器、限位器等工作不可靠。

(5)车辆维护不及时,带“病”行驶。

4. 道路环境

(1)道路条件差。厂区道路和厂房内,库房内通道狭窄、曲折,不但弯路多而且急转弯多,再加之路面两侧的大量物品的堆放,占用道路致使车辆通行困难,装卸作业受限。在这种情况下,如司机精神不集中或不认真观察情况,行车安全很难保证。

(2)视线不良。由于厂区内建筑物较多,特别是车间、仓库之间的通道狭窄,且交叉和弯道较频繁,致使司机在驾车行驶中的视距、视野大大受限,特别是在观察前方横向路两侧的盲区较多,这在客观上给司机观察判断情况造成了很大困难。对于突然出现的情况,往往不能及时发现判断,缺乏足够的缓冲空间,措施不及时而导致事故。同样,其他过往车辆和行人也往往由于不能及时观察掌握来车动态,没有做到主动避让车辆。

(3)由于风、雪、雨、雾等自然环境的变化,在恶劣的气候条件下驾驶车辆,由于司机视线、视距、视野以及听力受到影响,往往造成判断情况不及时,再加之雨水、积雪、冰冻等自然条件,会造成制动时摩擦系数下降,制动距离长或产生侧滑,这些也是造成事故的因素。

5. 管理因素

(1)车辆安全行驶制度不落实。建立、健全安全行车的各规章制度,目的就是为了避免和压缩车辆事故的发生。但由于执行不力、落实不好,或有章不循,对发生的事故或险兆不去认真分析和处理,大事化小、小事化了,那么各种制度如同虚设,就会淡化司机的安全意识。这是导致车辆伤害事故不断发生或重复发生的重要原因之一。反之,如果有章必循,违章必究,车辆在行驶中发生了险情或事故,本着“三不放过”的原则,查明原因、分清责任、严肃处理,就会不断强化广大司机的安全意识,进一步提高他们遵章守纪的自觉性,减少和避免车辆伤害事故的发生。

(2)管理规章制度或操作规程不健全。没有建立或健全以责任制为中心的各项管理规章制度,没有健全各种车型的安全操作规程,没有定期的安全教育和车辆维护制度等,都会造成司机无章可循的局面或产生安全管理的漏洞,从而导致事故的发生。

(3)非司机驾车。按照有关规定,厂内机动车司机须经过专业培训、考核,取得合法资格后方准驾车。在车辆伤害事故中,由于无证驾车,造成一是事故率较高,二是事故后果相当严重的局面。无证驾驶车辆肇事之所以难以杜绝、屡禁不止,表面上看主要是驾驶人法制观念淡薄,但根本原因还在于企业安全管理不到位、处理不严,甚至有时还是个别领导违章指挥所致。一般多数情况下,是无证者由于好奇私自驾车,或司机违反规定私自将车交给无证人员开车造成的。

(4)车辆失保失修。车辆在运行过程中,必然要出现正常的磨损和异常的损坏。在车辆的管理中,需要企业建立定期的车辆维护、修理及检验制度。按规定适时对车辆进行检验、维修,随时保证车辆的完好状态。与此同时,司机还要严格执行出车前、行车中及收车后的车辆“三检”制度,及时发现、排除各种故障与隐患。只有这样才能既顺利完成各项生产任务,又能确保行车安全。但是,有的企业和司机只管用车不管维护,致使车辆带“病”运行,从而导致事故的发生。

(5)交通信号、标志、设施缺陷。交通信号、标志、设施,如信号指示灯、禁行、限行、警告标志、隔离设施等,是在某些路段、地点或在某些情况下对车辆司机或其他交通参与者提出的具体要求或提示。从某种意义上讲,带有明显的规范性和约束力,是厂内交通安全管理的组成部分。按照有关规定,各种交通信号、标志、设施的覆盖面,特别是在厂区的繁忙路段、弯道、坡道、狭窄路段、交叉路口、门口等特殊条件下应达到100%,而且安全管理部门应经常检查、教育、督促司机和其他人员认真遵守。但是,有的企业对此认识不足,不同程度上存在着标志、信号、设施不全或设置不合理的情况,这样司机就难以根据在不同的道路情况下或在某些特殊情况下,按具体要求做到谨慎驾驶,安全行车。

三、叉车作业的安全规则

(1)严格按照操作规则驾驶叉车,不准从司机座以外的位置上操纵车辆和属具。叉车停车后应将换挡杆置于空挡,拉紧驻车制动器,发动机熄火并断开电源,严禁停车后让发动机空转而无人看管。工作时间不得擅自离开岗位;下车熄火,钥匙随身带走。如图4-2~图4-9所示。

图4-2　使用前先对叉车进行检查确保安全

图4-3　上车时应紧握扶手

图 4-4　工作中手臂和身体不要露在护顶架外

图 4-5　确保叉车处于安全的操作状况

图 4-6　驾驶前调整好座位

图 4-7　适当系紧安全带

图 4-8　叉车不使用时应停放在指定区域

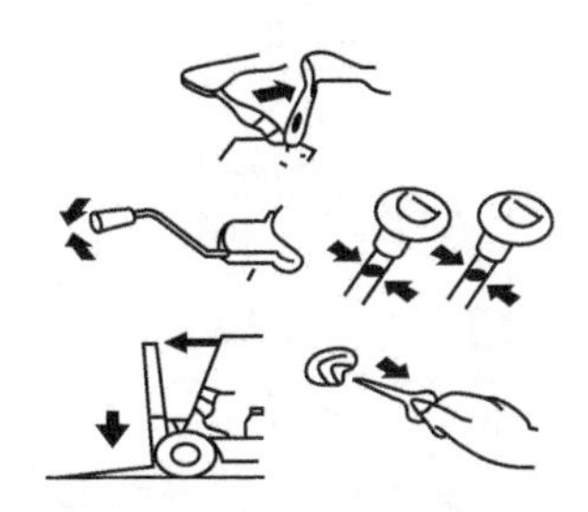

图 4-9　叉车停车操作要点:拉好驻车制动器、换挡杆置于空挡、降低货叉至地面、门架向前倾、取下钥匙

(2)在额定载荷中心处严禁超载,更不允许超载作业;货物位于非额定载荷中心处,按负载曲线图确定负载量,货物中心应与车体中心在一条线上,不许偏载。在装载货物时,应按货物大小来调整货叉的距离,货物的重量应平均的由两货叉分搭,以免偏载或开动时货物向一边滑脱;在搬运超长或重心位置不能确定的物件时,要有专人指挥,并格外小心;搬运大体积货物时,货物挡住视线,叉车应倒车低速行驶。如图 4-10 ~ 图 4-13 所示。

(3)叉车作业环境道路狭窄,运行中必须确保载货后货物或车体与左右两侧障碍物保持一定的最小侧向安全间距,避免与其他物体碰撞、剐蹭而发生事故。车速越快,车的稳定性越差,摆动幅度越大,最小安全间距的要求也就越大。如图 4-14、图 4-15 所示。

(4)下陡坡时,应采用“慢”速挡,使货物在上坡的上方,同时间断性踩踏制动踏板,不应采取空挡滑行,更不得关闭点火开关;上坡运行时,也须及时调换成“慢”速挡。不得在坡道上转向或横跨坡度行驶，不得在大坡度路面上长时间停车；在坡道停车时，还须用垫块垫住车轮。如图 4-16 ~ 图 4-21 所示。

图 4-10　避免偏心装载货物

图 4-11　搬运较长或宽货物时要小心

图 4-12　难以固定的货物捆绑后再装载

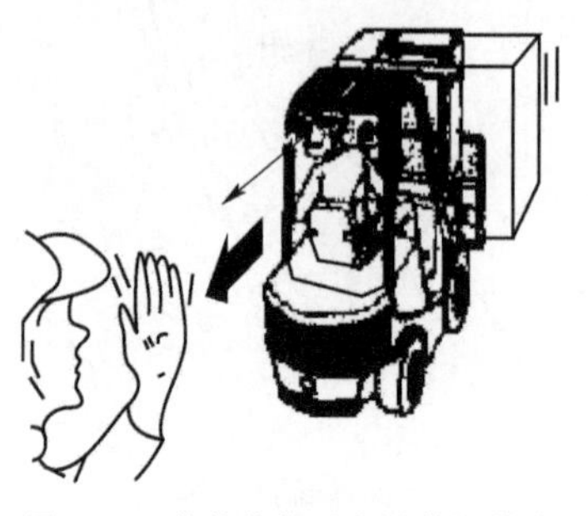

图 4-13　装载货物过高挡住视线应倒车行驶或有人指引

图 4-14　时刻注意叉车工作区域的宽度和高度

图 4-15　行驶不能将身体任何部分伸到车外

图 4-16　装载货物时上坡正面行驶、下坡倒退行驶

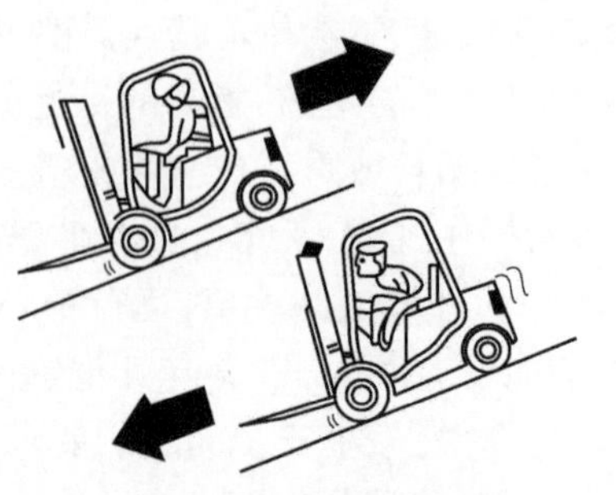

图 4-17　空载时上坡倒退行驶、下坡正面行驶

(5)行驶转弯时应提前减速。当在弯曲道上行驶时,车辆会产生离心力,其离心力与车速成正比。当其达到一定限度时,就容易发生叉车横向倾翻。如图4-22～图4-25所示。

图4-18 上坡时应注意陡峭的斜坡与货物的起升高度

图4-19 叉车禁止停放在斜坡上

图4-20 斜坡上不允许转弯

图4-21 斜坡上起动叉车时应注意制动

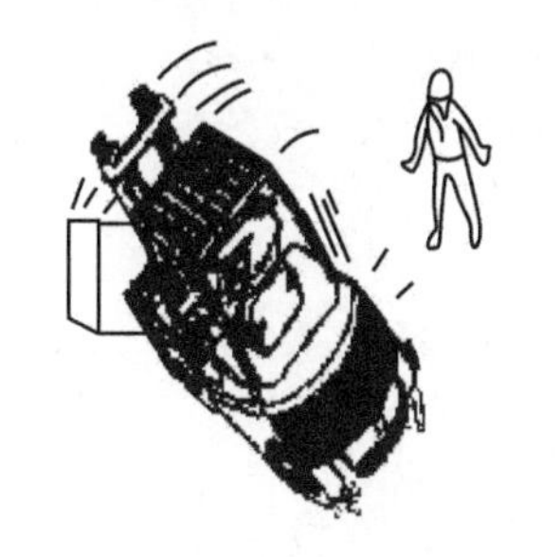

图4-22 转弯时车速过高会造成重心不稳而翻车

图4-23 无论空载还是负载都不能快速大弧度转弯

图4-24 转弯时应避免碰到人或物品

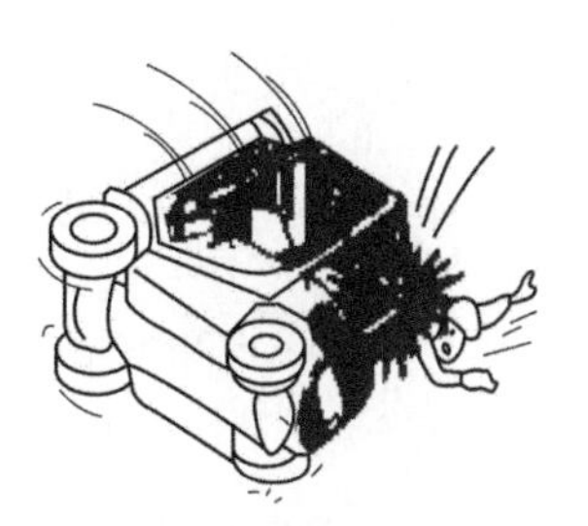

图4-25 如果发生叉车倾翻不要跳车

(6)叉车行驶会让时,应空车让重车,下坡车让上坡车,支线车让干线车。进出棚车作业时,出棚车先行,严禁争道行驶。同向行驶时,间隔距离要保持在2m以上。叉车只允许在厂区行驶,不准任意开出厂外公路干线,避免发生危险。如图4-26、图4-27所示。

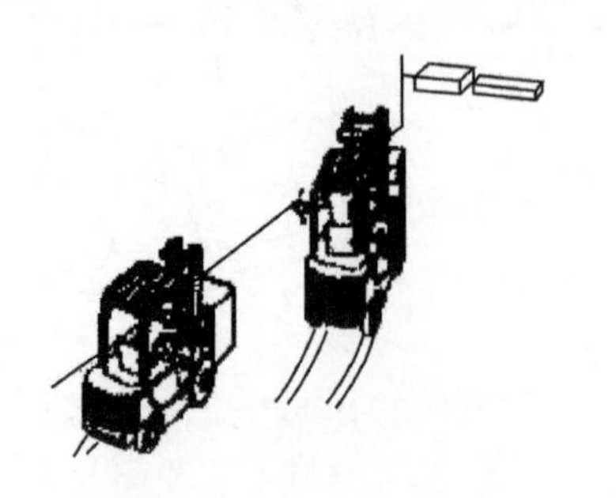

图4-26　不要相互追逐穿越行驶

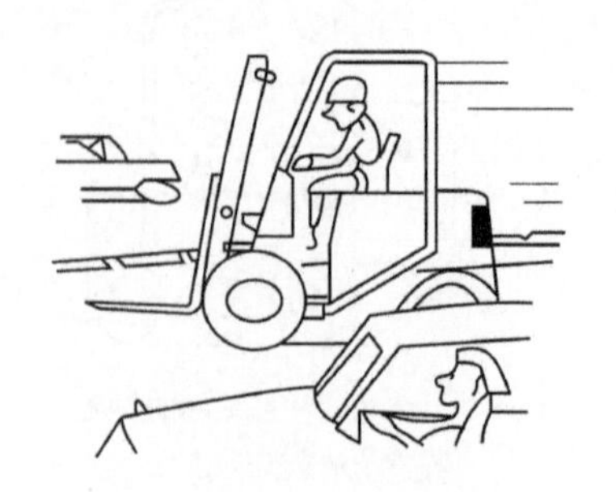

图4-27　禁止在公路上行驶

(7)装卸或搬运集装箱时,要稳起、轻放,禁止堆叠搬运或擦地推拖;堆码时严禁横放、倒放或用叉车顶撞集装箱;车辆出入库门、车间时,应下车用手开门,不许用叉车把门顶开。如图4-28～图4-31所示。

图4-28　不得用叉车顶门

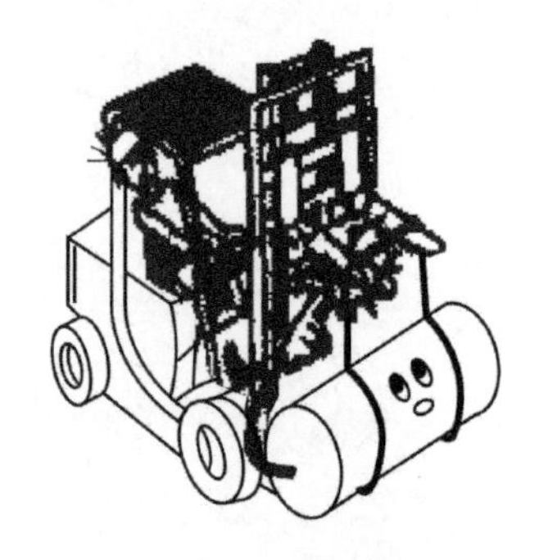

图4-29　正确使用货叉承载

图4-30　不允许擦地推拖货物

图4-31　留意装载货物时伸出的货叉碰到前方物品

(8)行驶中不得任意提升或降低货叉。货物升降时一般应在门架垂直位置时进行,速度不能过快,且绝对禁止有人在货叉下行走或停留,禁止载人或用货叉带人升降。如图4-32～图4-39所示。

图4-32 不允许载人

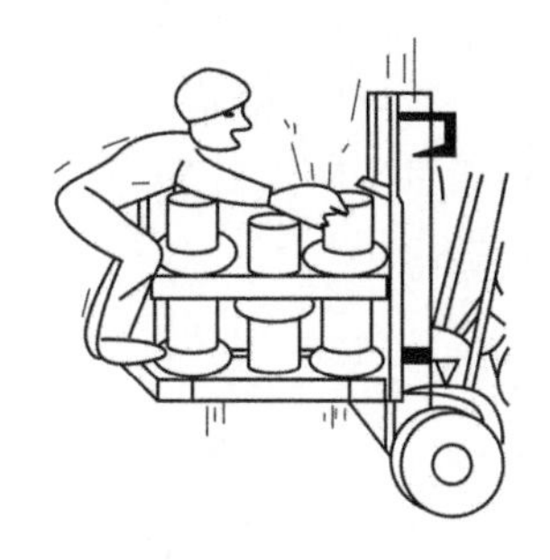

图4-33 不允许人站在货物上

图4-34 不得随意搭载人

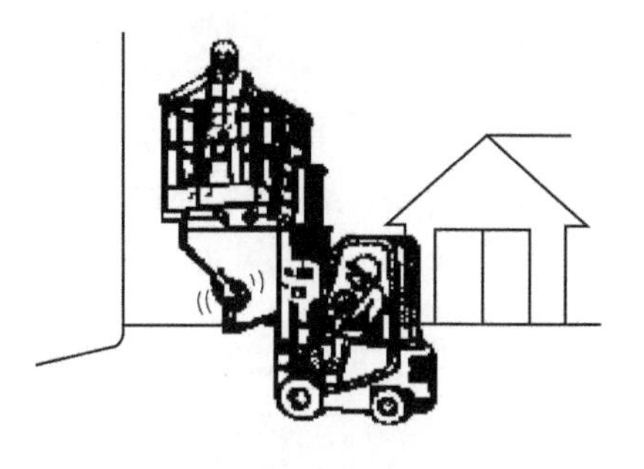

图4-35 必须使用特别安全的设备才能提载人在高处作业

图4-36 禁止任何人在升高的货叉下行走或站立

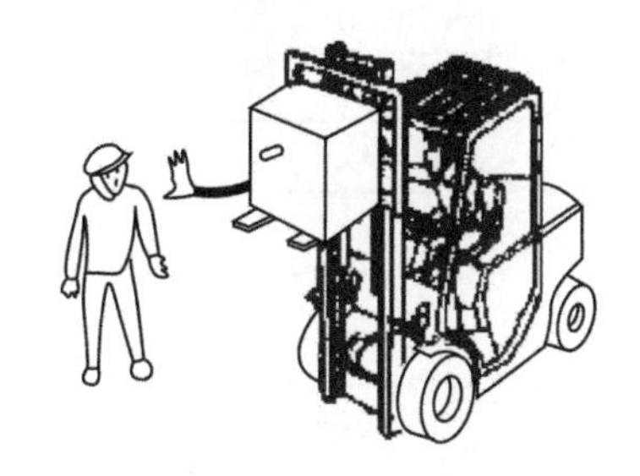

图4-37 叉车工作时工作人员不得靠近

图4-38 当叉车前方有人时，不要移动叉车

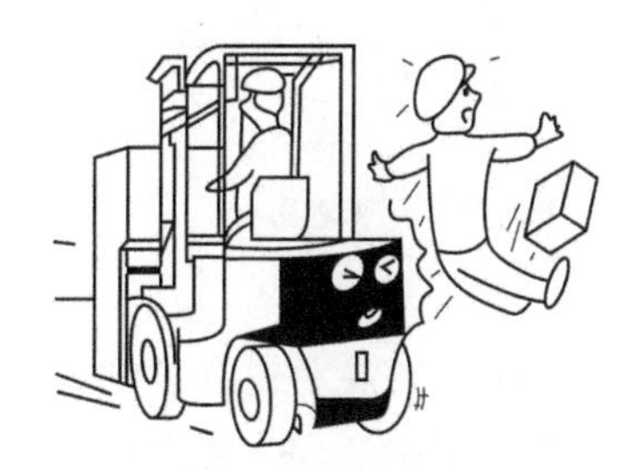

图4-39 叉车行驶时应时刻注意周围区域

(9)叉车空载中途停车、发动机空转时应后倾收回门架;当发动机停车后应使滑架下落,并前倾使货叉着地。不允许将货物吊于空中;货叉前后倾至极限位置或升至最大高度时,必须迅速地将操纵手柄置于中间静止位置;在操纵一个手柄时,注意不使另一个手柄移动。如图4-40~图4-45所示。

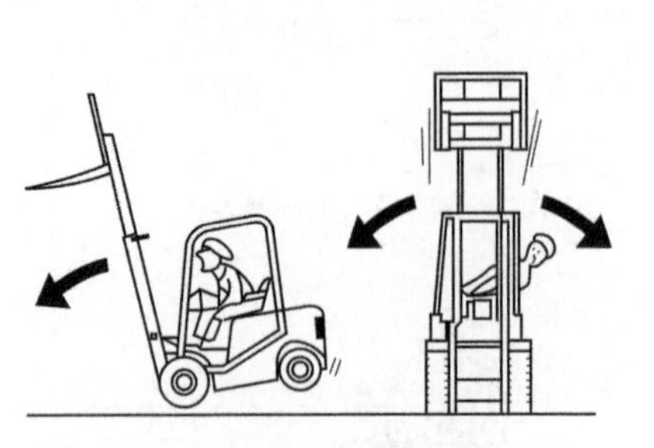

图4-40　行驶时,货叉和地面的距离不超过150~200mm

图4-41　禁止向前倾斜提升装载以免造成倾翻

图4-42　禁止倾斜提升货物

图4-43　风力过大时或叉车不处于水平位置时不允许起升或装载

图4-44　严禁超载

图4-45　尽量不要让装载物超过挡货架高度

(10)在工作过程中,如果发现有异响、异状、异味时,必须立即停车检查,及时采取措施加以排除,在没有排除故障前不得继续作业;注意周围工作环境,确保叉车安全行驶。叉车检查燃油或注油时,不可吸烟或接近明火;叉车装卸作业时,严禁调整机件或进行维护工作。在机床、管道、设备旁行驶时,其距离不得少于0.5m;夜间不允许在无照明的道路上行驶。如图4-46~图4-55所示。

图 4-46 不要驾驶已损坏的叉车

图 4-47 未经许可禁止随意增减叉车零件

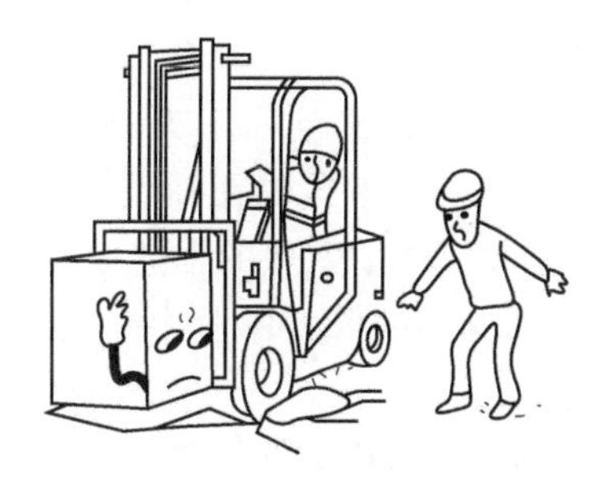

图 4-48 避免行走松软或未整理的地面，只允许在坚实平坦的路面运行

图 4-49 不允许在易爆环境下作业

图 4-50 尽量避免在光滑的路面行驶

图 4-51 禁止翻越壕沟、土堆和铁路等，容易造成倾翻的障碍物

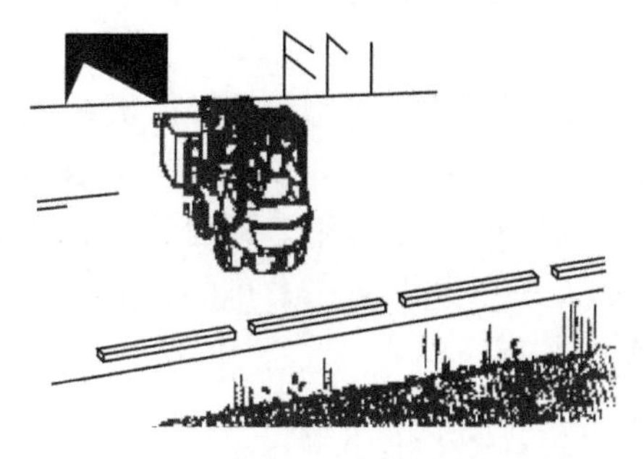

图 4-52 注意工作区域内的安全性

图 4-53 灰暗区域应打开照明灯

图 4-54　应在许可的范围内工作

图 4-55　维护前请关闭发动机

四、叉车司机的自我保护

(一)预防中暑和冻伤

一般来说,叉车司机工作条件恶劣,运行速度低。人坐在发动机上方的座椅上,夏天天气炎热,发动机温度高,如果不注意预防很容易中暑。中暑是指司机在高温及烈日暴晒下长时间驾车作业,引起体温调节障碍而发生的一种急性病。防止中暑的措施是保证充足的睡眠和休息时间,以保持精力充沛;多饮清凉饮料,设置驾驶室凉棚;作业中一旦出现头晕、无力等中暑症状时,应立即休息或就诊。

叉车驾驶室一般不易保温,在冬季严寒气候下长时间驾车作业时容易发生冻伤。防止冻伤的措施是驾车作业前注意饮食,保证身体有足够的热量;身上衣服要穿够,戴手套驾驶防止冻伤手指,穿戴衣物既要轻便又要保暖;适时下车活动身体,发现冻伤时应下车急救或进行处理。

(二)叉车侧翻事故时的人身保护

1. 叉车侧翻事故原因分析

侧翻是叉车在装卸作业中的多发事故。客观原因是由于叉车横向失稳而造成的。而导致叉车横向失稳的主要原因是叉车转弯时离心力的作用,以及叉车在侧向斜坡上行驶时由于重力沿斜坡方向分力的作用等。主观原因则是司机没有严格按照规章制度的要求去做。

据调查,在有一百多台叉车的某公司杂货码头,由于司机违章作业,在两年内发生了 6 起叉车侧翻事故,其中 4 起是由于司机忽视行驶安全,货物升得太高行驶,途中一边轮子辗上物件,形成两侧高低差或受横向撞击导致叉车侧翻;1 起是因为用单侧叉齿吊着重 9t 的抓斗行驶,再急转向导致叉车侧翻;1 起是因为在木制舱盖板上行驶,压断舱盖板导致叉车侧翻。

另据一次调查统计到的 10 起叉车侧翻事故中,司机死亡和重伤 4 起;司机在侧翻的过程中跳车逃生的 5 起事故中,死亡 3 起、重伤 1 起,死伤合计占 80%。在这跳车逃生的 5 起事故中,4 起是向叉车侧翻的同方向跳车,100% 死伤;只有 1 例向叉车侧翻的反方向跳车而安全逃生。另外 5 起事故的司机因没有跳车而安然无恙。这说明在叉车侧翻的过程中跳车逃生是非常危险的,尤其是向叉车侧翻的同方向跳。

2. 叉车侧翻事故预防措施

叉车防止侧翻的主要途径有三条。

(1)作业前,要求司机和装卸工严格按照叉车安全操作规程作业,尤其要强调“不准用单叉齿吊运”和“行驶时要将货物降到规定高度”这两条规定;在作业过程中加强监控,当司机或装卸工违章时,一同作业的其他人或安全员、装卸作业指导员应及时制止。

(2)保障作业路面平整坚硬。为在货舱内使用叉车作业,通常是在货物上面铺上钢板,叉车在上面行驶作业,由于货物高低不平等因素,容易导致叉车侧翻事故。

(3)在司机座椅上设置安全带。这在发生叉车侧翻事故时可保护司机免受伤害。叉车开始倾翻时,司机踏紧脚并握紧转向盘、不要跳车、身体向倾翻反方向弯靠、身体向前靠。因为叉车的起升门架较高,加之有头顶门架保护,叉车侧翻后不会翻滚,而货物也不会砸到人身上。只要不跳出来或被抛出车外,司机的安全就没有大问题。如图4-56所示。

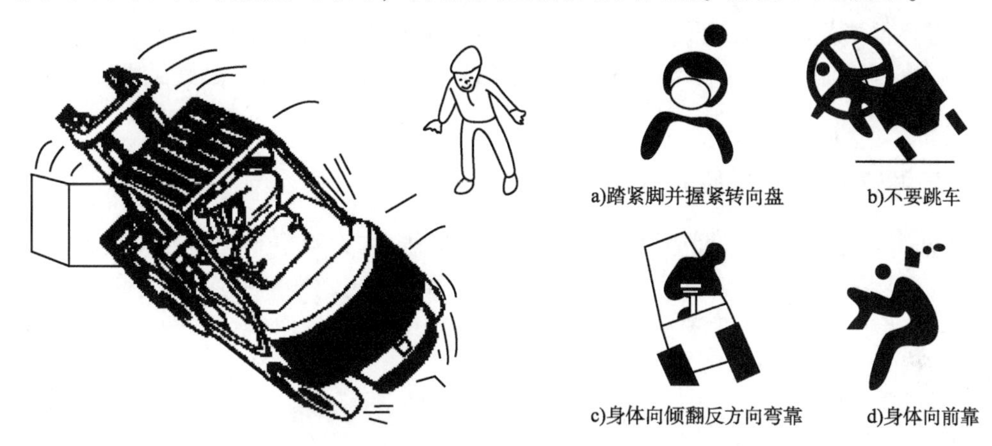

图4-56 叉车开始倾翻时的自我保护

五、司机应对事故的职业素养

尽管车辆伤害事故的发生是在瞬间,但这一刹那由于司机经验不足、心理素质较差,或措施不当、操作失误,往往会使事态扩大,加重损失。所以,培养良好的心理素质和应付突发情况的能力,是每位司机必备的职业素养。

1. 必须对交通的冲突点保持充分的缓冲空间和缓冲时间

在厂区内驾驶车辆必须与道路上的交通参与者,包括活动物体(行人、车辆)和静态物体(如停放的车辆、设备、建筑、电杆等)保持足够的横向、纵向的缓冲空间以及足够的缓冲时间。其目的是在突变情况发生时,使自己所驾驶的车辆有充分的制动距离,或能采取其他应变措施的时间。作为一位司机,要在行车中时刻保持缓冲时间和缓冲空间,主要是靠自觉遵守操作规程和规章制度,注意平时锻炼自己的反应能力、善于观察,选择应对冲突的有用信息(如各种标志信号、转向灯、制动灯等信息)。只有这样,在突发情况出现时,司机所驾驶的车辆才能避开冲突点。

2. 车辆伤害事故的避让与处置

避让事故是一项复杂的驾驶技术,避让得当可减少事故损失,反之则加重损失。避让得当首先取决于司机良好的心理素质和熟练的驾驶技术。避让是否得当,主要取决于以下几点。

(1)遇险情要冷静。这是能否及时避让事故的先决条件。①保持清醒,及时判明情况,采取正确的避让措施,往往能及时中止事故,使损失减少到最低限度。②千万不可惊慌失措，以防加剧险情。有的虽能在事故后及时停车，但往往引起其他损失。③更不可完全惊呆，没有任何避让措施，这往往导致事故持续，从而扩大事故损失。

(2)遇险情要先顾人后顾物。先保证人员的安全，这是避让的一项基本原则。

(3)遇险情要就轻避重。在避让时靠近损失或危害较轻的一方避让，避开损失或危害较大的一方。

(4)遇险情要先顾方向后顾制动。因为在事故前转动方向可使车辆避开事故的冲突中心，有时甚至能脱离险情，若方向转动滞后于制动使用，就会使车辆失去避让或机动的余地，但对于需缩短制动距离的事故，应在转动方向的同时采取紧急制动。

(5)遇险情要先顾别人后顾自己。应首先想到他人的安危，先抢救伤者，不得保全自身而不顾他人。当车辆起火或有爆炸危险时，司机应尽可能迅速将叉车驶离人群、车间、货场，再设法灭火。

六、车辆肇事后的紧急处理

车辆伤害事故不是人们期望发生的，一旦发生事故，作为肇事车司机和事故单位应做好哪些工作，也是很有必要了解并掌握的。只有做好事故后应做的一些工作，才能避免扩大损失，尽快恢复生产。同时更重要的是，对今后的事故分析处理能提供可靠的第一手资料。

1. 车辆伤害事故现场

车辆伤害事故现场是指发生事故的车辆、伤亡人员及与事故有关的遗留物、痕迹所在的路段和地点。现场分为两类。

(1)原始现场。现场上的肇事车辆、伤亡人员、有关遗留物均未遭到改变和破坏，仍然保持着发生事故后的现场原始状态。

(2)变动现场。事故发生后，由于人为的或自然原因，改变了现场的原始状态的部分或全部。

2. 现场勘察的目的

(1)从现场勘察收集的痕迹、物品中研究各种痕迹之间的联系，从而判明当事各方在发生事故过程中的主要情节和违章因素。

(2)通过现场勘察，查明事故的主客观原因及事故各方的初步责任。

(3)通过现场勘察，为研究发生事故原因和规律提供可知的依据。

3. 肇事后司机应做的工作

车辆一旦肇事，司机应努力减少事故损失，并配合有关部门及人员做好以下几项工作。

(1)迅速停车，积极抢救伤者，并迅速向主管部门报告。对于触电者，应就地实施人工呼吸抢救；对于外伤出血者，应予以包扎止血。在事故现场进行简易紧急抢救后，要视伤者的具体情况，及时送往医院抢救。对于当即死亡人员，不得擅自将尸体及其肢体移位。

(2)要抢救受损物资，尽量减轻事故的损失程度，防止事故扩大。若车辆或运载的物品着火，应根据火情、部位，使用相应的灭火器和其他有效措施进行扑救。

(3)在不妨碍抢救受伤人员和物资的情况下，尽最大努力保护好事故现场。对受伤人员和物资需移动时，必须在原地做好标志。肇事车辆非特殊情况不得移位，以便为勘查现场提供确切的资料。肇事车司机有责任保护事故现场，直至有关部门人员到达现场。

(4)肇事司机必须如实向事故调查人员汇报事故的详细经过和现场情况。

(5)肇事司机应态度端正,从事故中吸取教训,切忌谎报、隐瞒事故情节和伪造、毁坏事故现场。

4. 事故发生单位应做的工作

事故单位的领导或主管部门接到事故报告后,应立即赶赴事故现场,组织人员抢救伤员、物资,保护好事故现场,根据人员的伤势程度,按规定程序逐级上报。事故单位的安全管理部门,可在不破坏事故现场的情况下,对现场初步进行勘察,尤其是在主要干路上易被破坏的痕迹、物品的勘察应抓紧进行,事故现场勘察主要有下列几项内容。

(1)保护现场。首先应观察事故现场全貌,确定现场范围,并将现场封闭,禁止车辆和其他无关人员入内。如现场有易燃、易爆和剧毒、放射性物品,应设法采取措施防止事态扩大。

(2)寻找证人。尽快查找到事故发生时的直接目击者、证人,获得第一手资料。

(3)看护肇事者。对重大伤亡事故的肇事者必须指定专人看护隔离,防止发生意外。

(4)绘制现场图。

(5)测量事故现场。

(6)对事故现场进行拍摄。

七、常见车辆伤害事故案例

虽然车辆伤害事故是由多种原因造成的,但认真分析起来,绝大部分的事故往往与司机的思想麻痹大意、忽视安全行车和操作密切相关,而且几乎每起事故都存在违章问题。为便于了解叉车所造成的人身伤害事故的严重性,使广大司机认识到遵章守纪的重要性,现将部分典型伤害事故进行简要分析介绍。用血的教训警示人们,必须安全行车,杜绝不幸事件的发生。

(一)车间内违章开车发生的事故

1. 事故简要经过

某日,某厂一车间司机 Z,驾驶 CPQ3 型叉车叉载一个 132 型汽车驾驶室,由车间内通道的西尽头向东行驶。当行至 45m 处,该车间工人 Y(女,25 岁)由通道南侧进入通道后向东行走,被赶上来的叉车从背后撞倒,当场死亡。

2. 事故原因分析

车间运输班组的肇事司机 Z,驾驶叉车从其他车间运料返回,见车辆装配线急需驾驶室部件,而班组内其他司机却围坐在一起闲扯,很是生气,便赌气自己驾驶叉车去叉运驾驶室部件。车间内通道宽敞空闲,仅有的一人就是受害者 Y。人们不禁要问,在如此情况下怎能发生事故呢?正如前述,Z 驾车时心里憋着气,脚下使劲,车速很快(15km/h 左右),但他头脑里盘算着如何解决班组里的工作问题。因此,精力分散、忽视瞭望、带气开车、超速行驶(本企业规定“车间内机动车行驶速度不得超过 5km/h”)等,是造成事故的直接原因和主要原因。

另一方面,受害者 Y,在工作中将手指刮伤,离开岗位去卫生室包扎。进入通道后,精力集中在受伤的手上,没有靠边行走,没有注意和避让机动车辆,也是造成事故的原因之一。

(二)转弯行驶时发生事故

1. 事故简要经过

某日,某厂内一车间副主任 L,见本车间的 2 名叉车司机因故未上班,而装配线还急需半成品配件上线装配,于是便自己驾驶 CPQ3 型叉车,由存放地往装配线叉运半成品配件。当搬运到第 6 次时,叉车叉载半成品配件由南向北行驶一段后,沿路向左(西)转弯。在弯道处,叉车的正面(叉载的配件)将由南向北横穿马路的本车间职工 H(女,33 岁)撞倒。幸被附近的该厂总装车间叉车司机 S 看见,边喊叫边跑来拦车,才使肇事司机制动停车。受害者 H 身受重伤但免于一死。

2. 事故原因分析

厂内机动车司机之所以要经过培训、考核、复审等,是因为叉车驾驶有其特殊的技术性和危险性。因此,司机必须具良好的安全技术素质,才能保证运输作业安全。

驾车肇事者 L,不是叉车司机,没有经过车辆驾驶安全技术培训,缺乏熟练的驾驶技能和安全行车经验,只能勉强将车开走。行车中"顾东不顾西",所以瞭望不周,技能水平不专业是造成这起事故的表面原因。

各级政府明文规定,当生产与安全发生矛盾时,生产应服从于安全。安全第一不能喊在嘴上,要落实在行动中。身为车间领导干部 L,安全第一观念淡薄,目无法纪、违章作业(无证驾驶)是造成这起事故的主要原因。同时,也说明了该厂在安全管理上存在规章制度不落实、检查监督不够等漏洞。

(三)由于厂内安全管理制度不健全发生的事故

1. 事故简要经过

某日,某厂总装车间叉车司机 A 驾驶叉车到库房领料,见库房工作人员 B 不在,便到 B 所在开会地点去找 B。因 B 开会地点距库房较远,B 便坐在 A 驾驶的叉车副座上,副座未固定在机盖板上。由于 B 上车之前未检查车辆,且双脚放在仪表盘上,手也未扶,在转弯时,路面颠簸将 B 从车上摔下,脑颅骨损伤(重型),右脚跟骨折。

2. 事故原因分析

从图 4-57 中可以看到,似乎只有 X_1、X_6同时发生,表中最上端的事故才能发生,其发生概率并不是很大。但是,X_1是允许的,X_2也是无措施的,X_5是原有的,X_6是经常发生的,所有只要 X_3、X_4同时发生,表中最上端事故就几乎不可避免,概率相当大。

虽然,表中从车上掉下来摔伤的事故发生概率相当大,但从预防事故重复发生的措施方面来看,此类事故很容易预防。只要杜绝 X_1(允许坐人)项,便可起到很好的作用。

(四)通过铁路道口的事故

1. 事故简要经过

某日上午,某公司司机驾驶东风牌货车去某仓库拉运粮食。在通过该仓库一无人看守的铁路道口时,由于未认真执行"一慢、二看、三通过"的规定,再加之铁路两侧有粮垛,使司机观察视线受阻,当该车冒险通过时,与一辆由北向南驶来的火车相撞。汽车被火车拖挂出 30m,后将汽车挤在火车头与粮库的墙之间,造成坐在库外的两名装卸工人当场被挤死、汽车全部报废的重大事故。

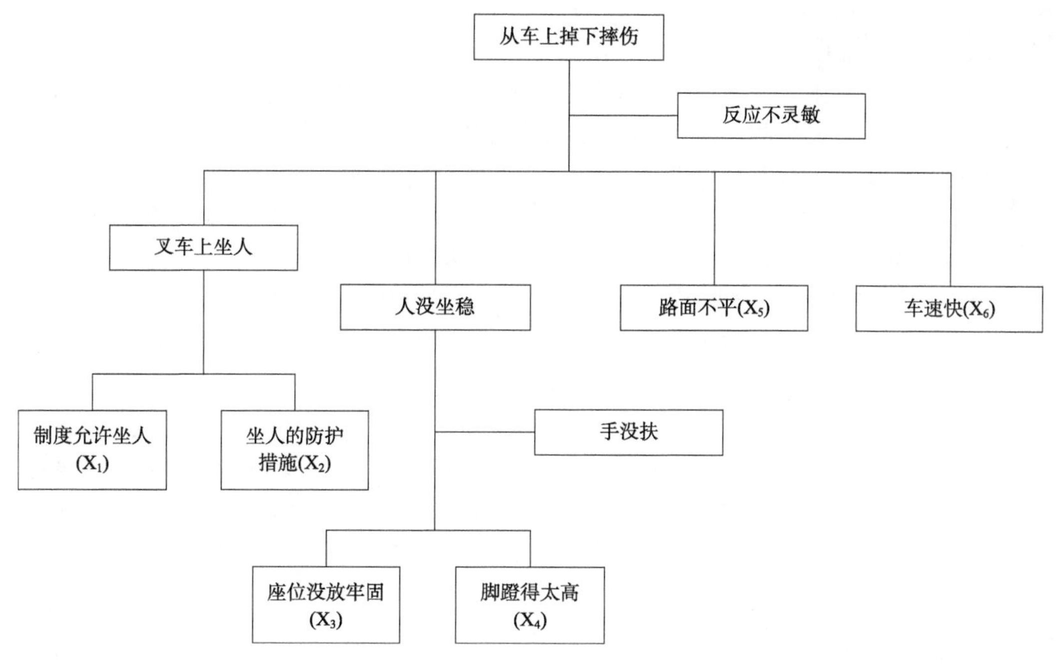

图 4-57 事故原因分析示意图

2. 事故原因分析

司机在通过铁路道口时,思想麻痹,侥幸冒险通过,违反了有关认真瞭望的规定,应负事故的主要责任。由此可见,机动车在通过铁路道口时应提前减速,严禁争道抢行,特别是在通过无人看守或视线不好的道口时,更要认真遵守瞭望制度。切不可冒险通过,否则将会产生难以预料的惨痛后果。

从以上事故案例分析可以看出,只有建立一套健全完整的厂内运输安全管理体系,设置专职司机驾驶,才能避免事故的发生及人员伤亡,为企业创造更好的经济效益。

八、预防叉车事故的新技术

运动物体、大件货物、沉重、高层堆放等因素对物料搬运设备的使用构成潜在危险。技术进步在防止事故、伤害以及工作场所损失等方面意义重大,当然也可提高作业效率。

(1)“叉车安全监控系统”从分析事故产生原因入手,采取高频超声波探测装置与全天候视频监控设备的结合,有效减少安全事故发生,避免了巨大的经济损失与人员伤亡。

(2)“主动稳定系统(SAS)”可自动监测叉车的许多重要参数,及时触动相关机构防止误操作。叉车事故中最主要的死亡原因是叉车翻车。SAS 采用 4 个单独的传感器(载荷强度、重量、车速和回转速度传感器)监控叉车稳定性。一旦探测到潜在危险状态,将及时锁定后轴摆动,从而提高其稳定性。这有助于防止叉车转弯时翻倒,并使司机集中精力作业,操作更轻松方便。

类似技术对工作场所安全性正在产生重大影响,技术进步诸如 SAS 的使用引起人们对安全问题的重视。减少物料搬运行业中的事故和伤亡,对工作效率和生产率将产生正面的影响。

本项目小结

叉车的安全操作主要指叉车的安全驾驶、安全作业以及对叉车安全维护三个方面。本项目介绍了叉车安全操作的重要意义，以及叉车司机的心理活动规律，分析了叉车的技术状况与叉车作业环境对叉车安全作业的影响。叉车司机应具备高度自觉的安全意识，具备良好的职业道德，牢固树立安全驾驶意识，熟练掌握叉车安全操作技术措施，了解叉车操作安全管理的相关规定。本项目还针对性的分析了各类常见的叉车安全事故及引起事故的主要原因，讲解了预防叉车事故的方法以及事故发生后的处理措施，特别强调了叉车作业的安全规则与叉车司机的自我保护措施。

关键术语

注意力　无意注意　有意注意　注意的分配　注意的转移　上坡起步
下坡起步　预见性制动　紧急制动　会车　让车　倒车
掉头　视线盲区　原始现场　变动现场　叉车安全监控系统
主动稳定系统(SAS)

复习与思考

1. 简述叉车司机的基本素质有哪些？
2. 请说明叉车操作安全管理的内容与注意事项。
3. 厂内车辆事故的种类有哪些？试分析厂内车辆伤害事故的主要原因。
4. 请列举十条以上叉车作业的安全规则。
5. 分析本项目中提到的事故案例，简要说明叉车司机应如何进行预防、处理，以及有效的自我保护。
6. 请说明车辆肇事后应实施的具体措施，以及其对预防事故的再次发生所起的作用。

实践训练项目

选择一家以仓储业务为主的第三方物流公司，观察叉车司机操作叉车进行装卸作业的全过程，找出其不符合安全规则的地方，并提出改善建议；调查公司在叉车操作安全管理方面所采取的措施，写出分析报告。

项目五　叉车维护

知识目标

1. 了解叉车维护作业基础常识，以及叉车维护作业分类和内容；
2. 掌握叉车的日常例行维护技术内容、作业要点和注意事项；
3. 熟悉叉车的初驶、一级、二级技术维护工作内容及维护后的检验作业；
4. 掌握叉车的清洁、润滑、调整、轮胎维护、高低温维护等作业内容和技术要求；
5. 了解叉车的维护周期时间表。

能力目标

1. 能够对叉车实施日常维护作业；
2. 能够检测叉车性能，会分析处理叉车的简单问题；
3. 能够对叉车实施清洁、润滑、调整、轮胎维护等作业；
4. 能够在高温、低温条件下采取相应的叉车维护措施；
5. 能够对叉车完成维护作业后进行验收试车测试。

案例导入

公司买回某品牌的叉车后，小王计划加班加点赶进度完成任务。可新来的伙计——叉车却不给面子，有时振动大，有时压力不稳。小王纳闷了，这刚买来的叉车为什么工作起来却状况频出呢？从外请来的维修师傅虽然能够立即解决当时的问题，但还是小问题不断，钱花了不少，真让公司经理心疼。

小王觉得不对劲，赶紧到其他物流公司取经。小王发现其他公司的叉车工作起来，起落平稳，使用自如。经请教才得知，叉车特别是新叉车与大修过的叉车，要注意“七分靠开，三分靠养”。小王糊涂了，如何“养”叉车呢？原来，叉车和平常开的汽车一样，也有一个初驶阶段，需要不断的磨合，切不可一开始就没日没夜的操作，更不可超负荷运行。小王所在的公司最近业务繁忙，添置了叉车后，更是加班加点赶进度。人是三班倒，叉车可从没有休息过，经常满载操作，磨合不到位，难怪状况频出。

同时，叉车在长期使用过程中，由于受各种因素的影响，其零部件必然会产生不同程度的松动、磨损、机械损伤和锈蚀。为了提高叉车的使用寿命及防止意外事故的发生，应保持叉车外观整洁，降低零部件磨损速度，及时查明故障隐患并予以消除，并且对其严格地进行定期维护。建立叉车修理计划和预防维护制度，才能保持最佳运行状态。

任务一　叉车的维护制度

一、叉车维护作业基础常识

（一）叉车机械零件磨损规律与维护的目的

影响叉车机械零部件磨损的因素很多，除设计与制造的原因之外，一般与使用和维护有关。虽磨损形式很多，但仍有规律可循，此规律也称“磨损特性”。车辆磨损特性大体分为三个阶段。

一是新车（或大修车）磨合磨损阶段。在此期间由于新配合的机件表面具有一定的平面度，配合面磨损较快，一般称之为磨合期磨损。

二是自然磨损阶段。零件经过磨合期后，其磨损速度减慢，磨损量较稳定，并在长期内保持均匀增长，这一时期称为正常工作期。在此期间的磨损称为自然磨损。

三是崩溃磨损阶段。零件的自然磨损增长到磨损极限点后，由于间隙增大油膜无法维持，润滑条件变差，冲击开始产生。这时磨损急剧加速，零件便很快丧失工作能力，直至损坏。称为配合件的修理间隔期或修理期，也称崩溃磨损期。

实践证明，机械零件的磨损都要经过磨合磨损、自然磨损和崩溃磨损三个阶段。如果平时使用和维护工作做得很好，可使磨合期磨损量相应减少，修理间隔期便会延长，从而使机件的使用寿命提高。反之，则将直接影响到零件的使用寿命，甚至造成车辆的早期异常损坏。叉车维护制度，也称计划预防维护制度。叉车在使用过程中，随着运行的间隔时间增长，各部机件必然产生磨损而松动，致使叉车动力性、经济性、可靠性逐渐下降。

叉车维护，就是根据叉车的设计要求和不同的使用情况，以及各种零件的磨损规律，把磨损程度相接近的项目集中起来，在正常磨损阶段进行相应的清洁、检查、润滑、紧固、调整和校验等工作，从而达到改善各零件的工作条件，减轻零件磨损，消除隐患，避免早期损伤，使各种零件和总成保持良好的技术状况。在运行中，降低燃料、润滑料的消耗和零件、轮胎的磨损损坏；最大限度地延长整车或各总成的大修间隔里程，并减小叉车的噪声和对环境的污染。

（二）叉车维护的基本原则

叉车维护应贯彻“预防为主、强制维护”的原则，保持车容整洁，及时发现和消除故障或隐患，防止车辆早期损坏，以期使叉车经常处于良好的技术状况，随时提供可靠的装卸运输保障能力。叉车维护的基本原则如下。

（1）严格执行技术工艺标准，加强技术检验，实现检测仪表化。采用先进的不解体检测技术，完善检测方法，使叉车维护工作科学化、标准化。

（2）叉车维护作业，包括清洁、补给、检查、润滑、紧固和调整等。除主要总成发生故障必须解体外，一般不得对其解体。

（3）叉车维护作业应严密作业组织，严格遵守操作规程，广泛采用新技术、新材料、新工艺，及时修复或更换零部件，改善配合状态和延长机件的使用寿命。

（4）在叉车全部维护工作中，要加强科学管理，建立和健全叉车维护的原始记录统计制度，随时掌握叉车技术状态。经常分析原始记录、统计资料，总结经验、发现问题、改进维护工作，不断提高叉车的维护质量。

（三）叉车维护作业过程

叉车维护作业过程，一般包括外观检视、外部清洗、零部件的拆卸、零件清洗、零件检验分类、检修调整、总装装配性能测试、紧固、润滑、防腐。与修理作业过程基本相同，但重点在清洁、调整、紧固、润滑和防腐。

（1）外观检视。了解叉车的使用情况；检查叉车整车的车容车貌，各部有无裂损变形和磨损，有无漏油、漏水和漏气现象；有无其他异常现象；检查机油压力、冷却液温度、汽缸压力及发动机运转有无异响，以确定叉车的完整和技术状况，为维修工时和费用定额提供依据。

（2）外部清洗。维护前应将叉车用高压自来水进行冲洗，去掉外部灰尘、泥土与部分油污，以便顺利维护（拆卸分解总成零部件）。

（3）零部件的拆卸。分解时，应按顺序进行（先外后内，先附件后主体），注意配合标记，必要时重做记号。为防止零部件损坏，合理使用工具设备，严禁用手锤在零件表面直接敲打。

（4）零件清洗。各部件拆下后分解，必须进行清洗擦干，以消除水垢、油污、积炭和锈蚀。

（5）零件检验分类。对经过清洗擦干的零部件进行检验分类，确定其技术状况，并将其分为可用、待修和报废三类。

（6）检修调整。通过检验确定的待修件应进行修理。修理方法除有修理尺寸法、附加零件法、零件局部更换法之外，维护中最为常见的是调整法。例如，利用调整螺纹的长度改变气门间隙，利用加减垫片的方法来改变大、小锥齿轮的轴向位置等。

（7）总成装配。以基础零件为基础，按一定顺序在其上面装入其他部件。装配时一定要注意零件的清洁、相配件的标记及不要漏装、错装某些小零件。对运动零件的摩擦表面需保持清洁，涂以润滑油（脂）。所有附设的锁紧制动装置（如开口销等）均应正确安装。零部件的装配间隙一定按说明书要求严格调整，并对车辆各有关部位的连接件进行紧固。

（8）润滑与防腐。对各润滑点进行润滑；为防止锈蚀，对车辆外表喷漆或局部补漆。

（9）总成装车后，应进行性能测试，达到其使用性能后方可投入运行。

二、叉车维护作业分类及内容

叉车维护制度的分级及周期是根据生产厂家的有关规定，结合本地区具体情况拟定的方案组织实施，并形成法定条文、强制执行。也就是说，叉车运行到规定的间隔时间后，一定要严格执行与其相应的维护作业。

叉车维护的类别和维护周期，需根据叉车的结构、性能和道路状况而定。根据其维护周期不同可分为定期维护和非定期维护两种。

1. 定期维护

叉车每经过一定的工作时间（10h、50h、100h、200h、500h 和 1000h）之后，都应该进行相应的维护工作。叉车的维护一般又分为三类，即日常例行维护、一级技术维护、二级技术维护。日常例行维护是每天（每班工作后）都要进行的；一级技术养护是累计工作 100h 后进行，一班工作制相当于 2 周；二级技术维护是累计工作 500h 后进行，一班工作制相当于一个季度。除此之外,还有叉车的初驶维护。

定期的维护工作除了一部分可以由公司技术人员进行,另一些必须由叉车供应商售后服务部门的专业人员进行操作。

2. 非定期维护

非定期维护是指按要求进行的维护。按要求进行的维护需要视情况进行,比如外部清洁叉车、修理或更换陈旧或破损零件等。

1)叉车的清洁

叉车的清洁频率由叉车的使用环境决定。若叉车接触刺激性强的物质,如盐水、化肥、化学用品、水泥等,则必须在每次使用后进行彻底清洁。清洗的时候需使用高压空气、冷水和清洁剂,可以使用湿布清洁车身。不要将水龙头直接对准叉车,不得使用汽油类产品或溶液进行清洁,因为这些物质可能损坏电子部件或塑料部件。

2)叉车更换信号灯泡

更换车灯灯泡之前,先检查一下熔断丝是否完好,并且应该确定换上的灯泡和损坏灯泡是相同的型号。在更换的过程中应该遵循说明书上的操作程序。

3)叉车更换车轮

首先应判断什么时候应该给予更换。对于充气轮胎,当轮胎花纹厚度等于或小于1.6mm时应该予以更换;对于实心轮胎,当轮胎达到容许的最大磨损量时应予以更换。此磨损量、磨损程度由制造商在轮胎侧面标有一道线作为标识。如叉车使用于湿滑地面,在轮胎表面花纹厚度小于1mm时应予以更换。同一轮轴上的两只轮胎必须用同一制造商同型号的轮胎并同时更换。为了保持叉车的稳定性,这是安全操作运行叉车所必需的。

用起升装置把叉车抬高,直到被更换轮胎完全离开地面为止;另外,当其他轮胎正进行更换时,应放置一物在停留于地面的车轮下,防止叉车滑动。当更换充气轮胎时,在取下待更换的轮胎之前,应先把它的气放掉。

4)叉车更换电池

许多类型的叉车都会使用电池,这就涉及有关于叉车电池的保养和维护的问题。电池的正确使用包括正确充电、正确调换等,在操作过程中需要遵守电池的使用说明来为电池充电。充电不足将缩短电池的使用寿命。在操作电池时必须佩戴防护眼镜和手套,在断开电池连接之前首先关闭充电器。搬运电池也要小心谨慎。

值得注意的是,在进行任何维护工作之前,必须完成以下流程操作,包括:将叉车放置在平面上并确定其不会突然移动;完全放下货叉;关闭叉车并移除钥匙;最后要按下紧急制动按钮。

三、日常例行维护

日常例行维护是各级维护的基础,是属于预防性的作业,由本车司机负责执行。其作业内容是清洁、补给和安全检视,以便及时发现和排除运行中的故障,确保每日正常运输和行车安全。它包括出车前、行驶途中和收车后三个环节。

(一)内容和要求

叉车日常例行维护由司机每班对叉车进行清洗、检查和调试。它是以清洗和紧固为重点的每日进行的项目,是车辆维护的重要基础。其工作内容是。

(1)清除叉车上的污垢、泥土和灰尘,重点是:货叉架及门架滑道、发电机及起动器、蓄电池电极叉柱、散热器、空气滤清器。

(2)检查叉车各部连接件的紧固情况,重点是:货叉架支承、起重链拉紧螺栓、车轮螺钉、车轮固定销、制动器、转向器螺钉。

(3)检查渗漏情况,重点是:各管接头、柴油箱、机油箱、制动泵、升降油缸、倾斜油缸、散热器、水泵、发动机油底壳、变矩器、变速器、驱动桥、主减速器、液压转向器、转向油缸。

(4)检查制动踏板、微动踏板、离合器踏板、驻车制动手柄等的可靠性、灵活性:踩下各踏板,检查是否有异常迟钝或卡阻。驻车制动手柄的作用力应小于300N,确认驻车制动安全可靠。

(5)检查轮胎气压:不足应补充至规定值,确认不漏气;检查轮胎接地面和侧面有无破损,轮辋是否变形。

(6)检查制动液、水量:查看制动液是否在刻度范围内,并检查制动管路内是否混入空气。添加制动液时,防止灰尘、水混入。向散热器加水时使用清洁自来水,若使用了防冻液,应加注同样的防冻液。冷却液温度高于70℃时,不要打开散热器盖。打开盖子时,垫一块薄布,不要戴手套拧散热器盖。

(7)检查发动机机油量、液压油、电解液:先拔出机油标尺,擦净尺头后插入再拉出检查油位是否在两刻度线之间。油太少,管路中会混入空气,太多会从盖板溢出。放去机油滤清器沉淀物;蓄电池电解液也同样要处在上下刻度线之间,不足则要加蒸馏水到顶线。

(8)检查皮带、喇叭、灯光、仪表等:检查皮带松紧度是否符合规定,有无调整余量或破损;喇叭、灯光、仪表均应正常有效。

上述各项检查完毕后,起动发动机,检查发动机的运转情况,并检查传动系统、制动系统以及液压升降等系统的工作是否正常。

日常维护的要求是:车容整洁,确保四清(机油、空气、燃油滤清器和蓄电池清洁),四不漏(油、水、电和气);附件齐全,螺栓、螺母不松动、不缺少;保持轮胎气压正常,制动(行车制动和驻车制动)可靠,转向灵活,润滑良好;灯光、喇叭、刮水器等工作正常。

(二)作业要点

叉车日常维护作业应注意以下问题。

(1)对于不熟悉汽车结构、性能,或对某些关键部位及其技术要求了解不深的,不可盲目拆卸、检查、调整,以免造成故障;不可随意拆卸、松动制动系统的螺栓、管路等。

(2)在检查和维护电路及燃油系统时,要关闭发动机和电源总开关,以防止产生电火花而引起火灾。绝对不允许对原车线路随意改动,否则会导致全车电气系统不能工作、控制系统失灵,甚至会烧毁线路。万一发生火灾,停电后才能用泡沫灭火机扑救。配电室应加设网栏,防止鼠害。

(3)对于采用某些高新技术的部位(如电气控制系统等)发生故障时,必须请专家或专业修理人员检查、修理,以免造成更大的损失。在补充制动液时,应按该车所规定的方法进行。

(三)安全注意事项

叉车在日常维护工作中,应严格遵守安全操作规程,同时还应注意以下事项。

(1)不要在通风不良的车库里或室内试运转发动机,以防发动机排出废气中的一氧化碳等有毒气体使人中毒。

(2)不要在汽油等易燃物质附近吸烟,以防发生火灾。

(3)不要用汽油洗手或用管子吮吸汽油,以防汽油中的铅使人中毒。

(4)在清洗、清洁蓄电池时要戴防护目镜;一旦蓄电池内的硫酸溅到眼睛或皮肤上,应立即用苏打水或清水冲洗。

(5)蓄电池充电时不要在旁边吸烟。

(6)制动液和防冻液都有对人体有危害的物质,要严格按生产厂家的使用说明书使用。

(7)叉车顶起后,需在车下作业时一定要用安全支架将车架住,且接触地面的车轮一定要塞三角木,并拉紧驻车制动器,以防叉车突然落下或溜车伤人。

(8)维修叉车所用各种工具应放在固定地方,不要乱扔,更不要将衣服口袋当作工具袋,以防摔跤或撞击时伤害身体。

(9)修车完毕应清点工具,要特别注意检查发动机及转动机件周围有无杂物(如工具、螺栓、棉纱等)。

(10)检修电气系统时,一定拉断电源总闸或取下连接蓄电池的负极电缆线。

(11)修车需要照明时,其工作灯具的电压应为36V以下。

(12)灭火器和急救箱应放在容易拿到的地方。

四、一级技术维护

叉车的一级技术维护,一般由专业维修工负责执行。其作业主要内容是除执行日常例行维护作业外,以清洁、紧固、润滑为主,并检查有关操纵机构、制动和转向系统等安全;主要应按规定部位添加、更换润滑油(脂),并对叉车的易磨损部位逐项进行认真的检查、调试和局部的更换工作。

(一)作业内容

叉车一级技术维护的具体工作内容按照"日常维护"项目进行,并增添如下工作。

(1)检查汽缸压力或真空度。

(2)检查与调整气门间隙。

(3)检查节温器工作是否正常。

(4)检查多路换向阀、升降油缸、倾斜油缸、转向油缸及齿轮泵工作是否正常。

(5)检查变速器的换挡工作是否正常。

(6)检查与调整驻车、行车制动器的制动片与制动鼓的间隙。

(7)更换油底壳内机油,检查曲轴箱通风接管是否完好,清洗机油滤清器和柴油滤清器滤芯。

(8)检查发电机及起动机安装是否牢固,与接线头间是否清洁牢固。

(9)检查碳刷和整流子有无磨损。

(10)检查风扇皮带松紧程度。

(11)检查车轮安装是否牢固,轮胎气压是否符合要求,并清除胎面嵌入的杂物。

(12)检查柴油箱进油口过滤网有否堵塞破损,并清洗或更换滤网。

(二)维护后的检验

由于进行维护工作而拆散零部件,于重新装配后要进行叉车路试,包括。

(1)不同程度下的制动性能,应无跑偏或蛇行。

(2)在陡坡上,驻车制动拉紧后,能可靠停车。

(3)倾听发动机在加速、减速、重载或空载等情况下运转,有无不正常声响。

(4)货叉架升降速度是否正常,有无颤抖。

路试一段里程后,应检查制动器、变速器、前桥壳、齿轮泵处有无过热。检查柴油箱进油口过滤网有否堵塞、破损,并清洗或更换滤网。

五、二级技术维护

叉车二级技术维护是维护性修理。叉车二级技术维护由专业维修工负责执行。除一级技术维护作业项目外,以检查、调整为中心内容,并拆检轮胎和轮胎换位。重点应根据零部件的自然磨损规律、运转中发现的故障或其先兆,有针对性地进行局部的解体检查,对磨损超限的一般零件予以修理或更换,以消除因零件的自然磨损或因维护、操作不当等原因造成的叉车局部损伤,使叉车处于正常的技术状态。

(一)作业内容

叉车二级技术维护是对叉车进行部分解体、检查、清洗、换油、修复或更换超限的易损零部件。除按"一级技术维护"各项目外,并增添如下工作。

(1)清洗各油箱、过滤网及管路,并检查有无腐蚀、撞裂情况;清洗后不得用带有纤维的纱头、布料抹擦。

(2)清洗变矩器、变速器、检查零件磨损情况,更换新油。

(3)检查传动轴轴承,视需要调换万向节十字轴方向。

(4)检查驱动桥各部紧固情况及有无漏油现象,疏通气孔。

(5)拆检主减速器、差速器、轮边减速器,调整轴承轴向间隙,添加或更换润滑油。

(6)拆检、调整和润滑前后轮毂,进行半轴换位。

(7)清洗制动器,调整制动鼓和制动蹄摩擦片间的间隙。

(8)清洗转向器,检查转向盘的自由转动量。

(9)拆卸及清洗齿轮油泵,注意检查齿轮,壳体及轴承的磨损情况。

(10)拆卸多路阀,检查阀杆与阀体的间隙,如无必要时勿拆开安全阀。

(11)检查转向节有无损伤和裂纹,转向桥主销与转向节的配合情况,拆检纵横拉杆和转向臂各接头的磨损情况。

(12)拆卸轮胎,对轮辋除锈刷漆,检查内外胎和垫带,换位并按规定充气。

(13)检查驻车制动机件的连接紧固情况,调整驻车制动杆和行车制动踏板工作行程。

(14)检查蓄电池电液比重,如与要求不符,必须拆下充电。

(15)清洗散热器。

(16)检查货架、车架有无变形,拆洗滚轮,各附件固定是否可靠,必要时补添焊牢。

(17)拆检起升油缸、倾斜油缸及转向油缸,更换磨损的密封件。

(18)检查各仪表感应器、熔断丝及各种开关,必要时进行调整。

(二)维护后的检验

叉车二级技术维护后应进行以下检验。

(1)车容的检验。外表整洁、装备齐全;灯光、电路、仪表完好有效;安全装置齐全完整;各部件连接牢固;三滤畅通、不漏油、不漏气、不漏电、不漏水。

(2)发动机检验。附件齐全,作用良好;在正常温度下能迅速起动,加速灵敏;怠速时无熄火和运转不稳现象,中高速时无敲击声;任何转速下,进、排气无阻滞现象,当转速为1000r/min时,机油压力不低于157kPa。

(3)路试检验。离合器接合平稳、分离完全,不打滑、不发抖、无异响;变速器换挡轻便,不乱挡、跳挡,运转正常;后桥部件在运转中不发热、无异响;转向器应操纵轻便,叉车行驶不摆振;制动不跑偏,制动和滑行性能的试验结果符合维护技术规范。

(4)液压起重系统检验。液压起重系统工作良好,运行正常,技术状况符合规范。

六、叉车新车的初驶维护

叉车新车出厂或大修(包括发动机总成大修)后,初期运行100h内称为磨合期。在这段时间内,对叉车进行的维护称为叉车磨合期维护。正确磨合,对延长叉车使用寿命,提高叉车工作的可靠性和经济性有很大关系。

在新叉车(含新大修车)的使用初期,必须严格执行使用规则。因为在初驶期,叉车所有机构的零件都在进行磨合。为了限制在磨合期间的速度,汽油发动机出厂时,在其化油器与进气管之间装有限速片,并用铅封锁住。叉车工作30~40h后才拆除此限速片。

叉车在初驶期,必须经常检查所有外露的连接件和紧固件,必要时应拧紧;检查所有液压系统是否漏油,工作油箱内的油液是否充足。初驶200h后,应对各部位(发动机、变速器、差速器、液压油箱)换油。新叉车磨合期为500km。初驶最初30km,载质量应限制在额定载质量的5%以下,在以后的200km内载质量应限在75%以下,最后的运行期载质量为90%。磨合期间不准作牵引使用,起升高度一般不得超过2.5m,车速限制在12km/h以下。初驶期结束后,检查、调校气门间隙、断电触点间隙、火花塞间隙,并调整风扇传动带的松紧度。

任务二　叉车的维护技术

一、叉车及其机件清洁作业

清洁是叉车维护作业的首要工作和前提条件。如不清洁,各总成、零部件的故障难以发现,会造成紧固不可靠、调整不准确、润滑部位侵入污物,很难保证维护的质量。清洁也是提高维护质量、减轻机件磨损、降低油料消耗的基础。清洁工作做得好,不仅为检查、紧固、调整和润滑工作打好基础,而且可直接消除故障隐患,预防叉车故障的发生。

(一)机件污垢的危害及处理

叉车机件里的燃烧、润滑、冷却离不开油、气、水。液态物质由于其本身的性质与外界条件的影响,引起积垢;燃烧不充分使相接触的部位容易积炭;气体中的悬浮物超过设计密度值,会导致相关部件堵塞,造成机件不能正常工作。

1. 水垢

一般情况下叉车常用自来水作为冷却液,溶解在其中的盐类,在常温下处于溶解状态。但冷却液温度升高后,溶解度降低,盐类就会从水中析出,变成固体沉淀物,同其他杂质一起黏附于冷却系机件表面,形成水垢。而水垢是热的不良导体,随温度的升高在机件上的黏附力越来越大,相当于冷却系统的金属表面涂上了一层隔热材料,容易引起发动机过热、充气系数降低、油耗增加。水垢在水套中沉积,不仅占去一定的容积,减少冷却液的容量,而且会在冷却系统狭窄缝隙处堵塞,形成局部水过热,引起缸体受热不均匀而裂损。

水垢的清除方法大多采用酸洗法,以减少碱类物质对钢管及焊缝的腐蚀作用。对铝合金汽缸体不能用酸洗,要用碱洗。

2. 积炭

由于燃烧混合气不能有效合理配置,很容易导致燃烧不完全,产生游离炭,在活塞顶部、火花塞部位形成积炭。此外,缸内窜入机油同样也会导致火花塞积炭。火花塞积炭后,相当于火花塞的电极之间并联了一个分路电阻,使次级线圈的电路成为闭合回路。在断电器触点打开后,在次级电压尚未达到击穿电压之前,就通过积炭而漏电。电流的方向与初级线圈的自感电流方向一致,使初级线圈的磁场不能迅速消失,这就使次级电压升不上去,产生的火花弱,致使发动机不工作。

清除积炭时,应把火花塞先放入汽油中浸泡,用木、竹刮片刮除残渣,用毛刷清洗晾干,不允许用金属丝刷或刮刀除污,以防损伤而漏电。减少积炭的方法:选用适当型号的火花塞;正确调整化油器,避免混合气过浓;按规定标号使用燃油,添加机油数量要适当;加强对发动机的日常维护与修理。

3. 油垢

汽油在使用过程中含有胶质等杂质,日久会在油箱和油管内表面积聚形成油垢,减少油箱容积和供油量,甚至会堵塞化油器进油口滤网、浮子室出油孔,造成供油系统不来油或来油不畅。机油由于高温和氧化作用,容易老化。其含有的酸性化合物,不仅使机油变黑、黏度下降,而且还腐蚀零件的表面,造成机油滤清器、润滑油孔堵塞,供油不足,工作失常。另外,发动机、变速器及后桥密封不严,不同程度地漏油,直接与外界接触,油也很容易氧化。叉车运行时,吸附尘土等杂质在底盘表面形成一层油垢,侵蚀油漆保护层,加速机件的磨损。

减少、消除油垢的影响要选用优质燃油、机油,避免使用中氧化,及时除去机件内油垢。采用优质密封材料,正确安装密封件,确保机件不漏油、渗油。定期对叉车底盘进行清洗,保持清净。

4. 尘害

空气中悬浮的灰尘会对机件造成不同程度的破坏。灰尘若通过空气滤清器进入汽缸,将加剧汽缸的磨损,缩短发动机寿命。灰尘与油结合形成油污,将会堵塞蓄电池透气孔,附着在制动蹄片上,将减少摩擦系数,制动力不足,延缓制动效果。灰尘油污若进入配电器盖、分火头绝缘体裂纹内,会形成导体漏电。此外,灰尘随油进入工作部件还会堵塞油道和滤网,危害很大。

消除灰尘对机件的危害,就要严把入口关,不让空气中灰尘进入机件内,外露部件要经常清扫,防止灰尘、油污堵塞相关孔道。制动片上不能有油迹,轴承上油不要太多,以防止制动时受热熔化,滴到蹄片上,吸附灰尘形成油泥,影响制动。经常做好发动机的清扫工作,使机体表面干净无油污。

(二)清洁叉车外表维护作业要求

首先清扫叉车车身、驾驶室内的灰尘和垃圾;用清水冲洗叉车(清洗可采用人工自来水冲洗或专用清洁设备清洗);清洗外部最好用软水;用专用设备清洗时,驾驶室及车身用低压水清洗(水压为0.2~0.4MPa),底盘可用高压水清洗(水压为1.8~2.5MPa)。

二、叉车的润滑作业

(一)润滑剂和制动液的功用及种类

润滑对相互摩擦的运动机件具有减磨、降温、清洁、除锈和吸振等作用。叉车润滑一般有压力润滑、飞溅润滑和浸浴润滑等形式。因润滑直接影响机件磨损,所以必须正确选用润滑剂,这也是叉车日常维护中的一项重要内容。

叉车专用润滑油品种很多,使用时要根据地区、季节(气温)和齿轮类型来进行选用。例如发动机润滑油选用指标是机油黏度,它随温度而变化,一般温度高,黏度小;温度低,黏度大。因此,冬季气温低,应选用黏度小的机油;而夏季气温高,应选用黏度大的机油。叉车传动使用的润滑油一般可分为齿轮油和双曲线齿轮油两种。齿轮油常用于变速器、差速器等总成。常用的齿轮油按100℃时的运动黏度分为20号、30号和通用齿轮油。双曲线齿轮油只能用于高温、高压和高速下工作的双曲线齿轮传动装置上,常用的有22号、28号和合成18号。

润滑脂适用于低速、高载或高温、工作环境潮湿、密封条件差的摩擦机件,其主要质量指标是滴点和针入度。润滑脂按针入度大小编号,号数大表示针入度低、较稠。选用时,冬季宜用号数小的润滑脂;速度低、负载大的机件,应选用号数大的润滑脂。

常用制动液有醇类、矿油型及合成型,应按地区及季节(气温)不同选用。醇类制动液沸点较低,不宜在高速机械和严寒及炎热地区使用。矿油型制动液对制动皮碗有腐蚀性,使用时需换用耐油橡胶皮碗。合成型制动液易吸水、溶解油漆,使用时应注意避免滴洒在车身上。还应注意各种制动液不能混用。

(二)叉车驱动桥齿轮油的合理选用

1.齿轮油的选用

(1)黏度等级和选择。叉车齿轮油黏度等级和选择是由齿轮节线速度和齿轮材质及表面应力大小确定。

(2)质量级别的选择。质量级别的选择主要根据齿面接触应力确定,如表5-1所示。一般来说,质量等级应该就高不就低,高档油可用于低档场合,反之则不宜。

进口叉车驱动桥所用的都是美孚车用齿轮油,该油符合美国石油协会API品质分类GL—4等级要求,是一种多用途的齿轮油,具有良好的防腐蚀及防锈能力,适用于叉车曲线齿轮。国产叉车驱动桥都使用220号的中负荷齿轮油(GL—4),该油是在抗氧防锈工业齿轮油的基础上提高了极压抗磨性,适用于中等负荷运转的齿轮。

工业齿轮油质量级别的选择 表5-1

齿面接触应力(N/mm^2)	齿轮使用工况	推荐用油
<350	一般齿轮传动	抗氧防锈工业齿轮油
350~500 (低负荷齿轮)	一般齿轮传动、有冲击的齿轮传动	抗氧防锈工业齿轮油 中负荷工业齿轮油
500~1100 (中负荷齿轮)	矿井提升机,露天采掘机,化工,水电,矿山机械的船舶海港机械等的齿轮传动	中负荷工业齿轮油
接近1100 (中负荷齿轮)	高湿,有冲击,有水进入润滑系统的齿轮传动	重负荷工业齿轮油
>1100 (重负荷齿轮)	冶金轧钢、井下采掘、高温有冲击和含水部位的齿轮	重负荷工业齿轮油

2.使用齿轮油的注意事项

(1)叉车在使用中,要注意防止混入水分。

(2)要根据环境温度选择适当黏度等级的油品,确保高、低温工作条件下的润滑要求。

(3)在使用中应经常检查油量的多少,油量过多则内压高而漏油,使得半轴油封损坏,制动失效;油量过少则使齿轮轴承润滑不良,机件磨损加剧。

(4)要适时检查齿轮油的性能指标和污染情况,如超标则要更换。换油时应将齿轮箱清洗干净再注入新油,加油量要适当。

(三)叉车的润滑作业

润滑作业的目的主要是减少机件之间的摩擦力,减轻机件的磨损,这对延长叉车零部件及整车的使用寿命有着重要关系。要根据不同地区和季节(气温),适时地更换、加注润滑剂。并且要求所使用的润滑油(脂)的品种要正确,必须按要求和规定执行,不得随意代用或使用不合格产品。润滑油(脂)使用量要适当,按要求加注,不可过多或过少。叉车的正常使用离不开油料,并且要定期正确地润滑。

1.润滑作业要求

新叉车或长期停止工作后的叉车,在开始使用的两星期内,应对轴承、发动机等进行润滑。在加油润滑时,应利用新油将陈油全部挤出,并润滑两次以上,同时应注意下列几点。

(1)润滑前应清除油盖、油塞和油嘴上面的污垢,以免污垢落入机构内部。

(2)用油脂枪压注润滑剂时,应压注到各部件的零件结合至挤出润滑剂为止。

(3)在夏季或冬季应更换季节性润滑剂(机油等)。

清洗发动机润滑系统和机油滤清器;添加或更换润滑油;清洗或更换滤清器滤芯;对传动系统、转向系统、行驶系统各润滑点加注润滑油或润滑脂;更换或添加制动液和减振器油液。

2.添加量应适当

叉车各总成、机件加注的润滑油(脂),其加注量均有规定,不能任意增减。加注量少了不能保证润滑;加注量多了会增加运转阻力,消耗发动机功率,甚至造成漏油。

3.添换要及时

叉车在运行中,各总成、部件的润滑油或润滑脂,由于局部渗漏、蒸发、消耗等,润滑油

(脂)使用一定时间后,会因氧化而变质,或因局部渗漏、受热蒸发。由于挤出或进入燃烧室被烧掉等原因,需要更换和添加润滑油(脂)。这项作业应适时,时间提前会造成浪费;过晚,又使机件得不到良好的润滑,增大磨损。所谓适时,说明书中有明确规定。在加注润滑油前,应先清除油盖、油塞及油嘴等零件上的污垢、灰尘。加注后,必须将溢出零件外的油擦净。

三、叉车维护中的调整作业

1. 叉车零部件的配合间隙检查和调整

所谓调整,是把叉车各零部件的安装位置和相互间的配合关系,恢复到最佳的工作状态,使之接近于新车所具有的性能。它是叉车维护中的主要工作之一,也是技术状况检查的重要内容。调整是为了恢复机件间的正常配合间隙和正常工作性能,减少机件磨损,以提高叉车的经济性和可靠性。随着叉车使用时间的延长,行驶里程增加,各总成、部件之间的配合间隙发生变化,以致超过规定的技术要求,直接影响到叉车的动力性、经济性和可靠性。因此,调整工作是恢复叉车良好技术性能和正常配合间隙的重要工作,要根据技术要求和实际情况认真、细致地进行,不得过松、过紧或间隙过大、过小。常见发动机动力下降,经济性差,除了汽缸磨损之外,多属点火系统、燃料系统或配气机构的零部件配合间隙失常所致。例如,在叉车的使用中,发动机点火提前角必须调整适当,否则对发动机的动力性和经济性都有一定的影响。火花塞间隙关系到产生的电火花能否可靠地点燃混合气,保证发动机连续正常工作,因此对叉车各机件的正确调校十分重要。

在叉车使用中,检视各种仪表的工作情况是否正常;检查制动装置的作用是否良好;检查燃料系统、润滑系统、制动系统、冷却系统及底盘、桥壳有无漏油、漏水,漏气现象;检查发动机和传动系统有无异响、异常气味;检查制动鼓有无过热现象;检查轮胎螺母紧固情况和轮胎气压;检查转向机构各部连接情况;并按各级维护作业项目的要求对叉车各部件进行调整。定期检查调整可使叉车在较长时间内保持在最高效率下运行,有效地减少叉车故障隐患,降低运行油料消耗,并延长其使用寿命,则其各项性能会得到明显地改善。零部件装配间隙的调校是一项不可缺少的日常维护工作。在叉车维护中,若发现某些零件磨损后,常常采用调整的方法来恢复各运动副间的配合关系,从而达到或基本达到叉车原来的技术指标。操作时,一般不需要对磨损部件进行修补和加工,或仅做简单的修整。调整作业工艺简单、成本低廉、收效迅速。

2. 规程性调整

此类调整作业是指在叉车设计时,就考虑到某些部件磨损到一定限度后,可通过调整来弥补的作业。只需按规程调整即可,不需要对磨损部件进行加工。叉车常见规程性调整如下。

(1)发动机气门间隙。由于配气机构在工作中产生磨损,使气门间隙发生改变,影响发动机的工作性能,可以通过改变调整螺钉的长度,从而调整其相互配合关系,使气门间隙能迅速恢复正常。

(2)主减速器主、从动齿轮副。由于长期磨损,主减速器主、从动齿轮齿侧间隙增大,可通过增减主动锥齿轮座与主减速器壳之间的调整垫片,使之恢复正常。

(3)柴油机供油提前角。发动机工作一段时间后,喷油泵的供油提前角需要调整。对于没有联轴节的分配泵供给系,可通过转动缸体内侧或外侧的喷油泵来恢复正常供油提前角;对于有联轴节的直列泵,可通过转动喷油泵凸轮轴来恢复正常供油提前角。

(4)离合器踏板自由行程、制动踏板自由行程、转向盘自由行程、制动器间隙、机油压力、动力转向系统压力、转向轮转向角度、汽油机点火时间、齿轮式油泵盖端面间隙失常等,也可通过规程性调整来恢复正常值。

3. 修理性调整

针对配合副间有些部位磨损严重,有些部位磨损较轻或根本没有磨损的实际情况,可以把偏磨的零件调换位置或转动一个方向,利用未磨损的部位继续工作,恢复正常的配合关系,必要时可对部件进行加工。

(1)飞轮齿圈。飞轮齿圈的轮齿磨损是单面不均匀磨损,可以将齿圈压下后,翻转180°重新压上,使轮齿未磨损的一面投入工作。

(2)配气相位。经过检测,配气相位如与标准不符,可通过改变固定正时齿轮与凸轮轴的半月键的端面形状来实现。该键的矩形端面可改制成阶梯形,使键的上下有所偏移,来修正配气相位。

(3)轴上键槽。某些轴类零件键槽磨损后,在强度许可的情况下,可将轴转动一个角度重新铣出键槽,继续使用。

(4)喷油泵柱塞副。柱塞副磨损后,泄油量增加,影响供油量,可通过改变柱塞斜槽与套筒出油孔的相对位置来调整供油量。

此外,曲轴轴向间隙可通过调整推力片厚度来控制在正常范围内。此类调整作为一种修理方法无章可循,需要在维修时,多动脑筋、勤于思考,并注意对成功经验的总结、推广。

调整作业虽然简单易行,但某些零件在工作面严重磨损的情况下,往往不能完全恢复原始配合性能。例如,轴与滑动轴承间的配合,轴与轴承之间的间隙可以用垫片调整。当轴或轴承磨损后,间隙达到最大值。此时,可抽去垫片恢复到初始间隙。对于承受冲击载荷的运动副,由于调整后间隙缩小、工作性能明显改善,冲击大大减轻。但是,轴承负荷区的弧长和曲率半径未因调整而改变,仍维持在磨损后的状态。因此,轴承楔形间隙并未改变,油膜的支承能力未得到恢复,轴与轴承的润滑条件也未改善,继续工作将加剧磨损。

四、叉车轮胎的维护作业

1. 叉车轮胎一级技术维护作业的内容

(1)检查轮胎螺母是否缺少或损坏,气门嘴是否漏气,气门帽是否齐全;如有缺少或损坏应及时补齐、更换或修复。

(2)检查轮胎磨耗情况,如有不正常磨损或变形,应及时查明原因,予以纠正;胎面花纹中如有较深洞眼,应及时修补。

(3)检查轮胎搭配使用有无不当,检查轮胎轮辋、轮毂是否正常。

(4)检查轮胎气压,按规定标准充气。

(5)检查轮胎与车架、悬架系统、翼子板、车身等凸出部位有无擦、碰情况,视需要拆卸外胎进行内部检查,如有损坏,应及时修补。

2. 叉车轮胎二级技术维护作业的内容

除执行一级技术维护作业项目外，还需从轮辋上拆卸下轮胎，分解检查。

(1)检查外胎胎面、胎肩、胎侧和胎内腔，有无气鼓、脱层、裂伤或变形等现象。

(2)检查内胎和垫带(衬带)有无咬伤、折叠现象，气门嘴、气门芯是否完好。

(3)检查轮辋、锁圈、挡圈有无变形，并除去铁锈，必要时刷防锈漆。

(4)检查轮辋螺栓孔有无磨损过甚或裂纹、变形等。

经以上检查后，修理、修补或更换新件，然后将外胎内腔洒上滑石粉，装入内胎和垫带(衬带)，再装入轮辋、挡圈、锁圈。轮胎装合后按标准要求充气。应特别注意充气时将锁圈一面朝下平放在地上，以防充气后锁圈弹出伤人。

五、叉车在高温条件下的维护

(一)叉车在高温环境下使用容易产生的问题

叉车在高温环境里，由于外界气温高，发动机冷却液与大气温差变小，发动机冷却系统的散热温差小、散热能力差，发动机容易过热，从而会出现以下问题。

(1)发动机的充气系数下降。气温越高，空气密度越小，发动机的实际进气量减少。由于发动机过热，发动机罩内温度更高，发动机充气能力降低，均使充气系数下降。从而造成发动机功率下降，以致汽车行驶无力。同时混合气相对变浓，汽车尾气排放物中的有害物质浓度增大，加剧环境污染。

(2)发动机燃烧不正常。大气温度高，进入汽缸的混合气温度也高，导致发动机的温度增高，而散热器的散热效率低，发动机处于过热状态，燃烧室内未燃混合气接受热量多，加剧焰前反应，容易产生爆燃。同时积存于燃烧室内各部件上的积炭形成炽热点，易产生不正常的燃烧，加剧了发动机的过热，形成恶性循环，使有关部件(如缸盖等)产生热变形，甚至裂纹损坏。

(3)机油变质。发动机的机油在高温、高压下工作时，使机油的抗氧化稳定性变差，加剧其热分解、氧化和聚合的过程。机油与燃烧不完全的产物、凝结的水蒸气以及进入发动机空气中夹带的灰尘混合，引起机油变质。机油温度高，黏度下降，使机油变稀，油性变差，机油压力降低，发动机零部件表面不易形成润滑油膜。金属零件由于高温热膨胀较大，零件之间正常配合间隙变小。这些都加剧了机件磨损，严重影响发动机的使用寿命。

(4)供油系统易发生气阻。气温越高，发动机罩内温度也就越高，越易产生气阻现象。供油系统受热后，部分汽油蒸发成气体状态，存在于油管及汽油泵中，不仅增加汽油的流动阻力，同时由于气体的可压缩性，存在于汽油泵出油管中的油蒸气。随着汽油泵的脉动压力，不断地被压缩和膨胀，破坏了汽油泵在吸油行程中所形成的真空度，造成发动机供油不足甚至中断。形成供油系统气阻。这种现象在炎热地区更容易发生。

(5)点火系统工作不正常。叉车在高温环境中运行时，因点火线圈过热而使高压火花减弱，容易出现发动机高速断火现象。严重时使点火线圈烧坏，影响叉车正常使用。

(6)容易发生爆胎。叉车运行中，外界气温高，轮胎散热较慢，轮胎过热易使气压过高，引起轮胎爆破。车速越快，轮胎产生的热量越大，更容易发生爆胎。

(7)制动效能下降。叉车的制动效能随着温度升高将有所下降。液压制动系统的叉车，制动液在高温下可能产生气阻现象。在频繁制动情况下,制动液温度上升,易导致皮碗膨胀;制动液气阻,使制动效能下降,影响运行安全。

(8)蓄电池易损坏。温度高,蓄电池的电化学反应加快,电解液蒸发快,极板易损坏,同时易产生过充电现象,严重影响蓄电池的使用寿命。

(9)润滑油性能变差。在炎热夏季高负荷连续行驶,叉车变速器、差速器齿轮油的温度上升(可能超过120℃),引起齿轮油变质。另外,叉车润滑脂在高温下(熔点温度一般在70℃)易流失,使润滑效能下降,严重时容易烧坏齿轮和轴承。

(二)叉车在高温环境下的维护项目和防范措施

炎热的夏季里,为了使叉车能够可靠地工作,在入夏之前结合定期维护,应当附加一些相应的维护工作,使叉车能适应在高温下运行。根据夏季温度高的特点,为适应叉车正常运行的需要,结合二级技术维护对全车进行一些必要的季节检查与调整。维护的主要项目和防范措施如下。

(1)防过热。为防止发动机产生过热现象,休息时尽量选择阴凉处,并打开发动机罩通风散热。当轮胎气压因热而增加时应停车降温,不得用放气及泼冷水的方法来降低轮胎气压和温度。加强冷却系统的检查与维护:注意检查冷却系统的密封,风扇传动带的松紧度,节温器的工作情况;并保证有充足的冷却液;及时清除冷却系统的水垢。在发动机过热、散热器水沸腾时,应及时停车降温。

(2)防润滑不良。润滑油易受热变稀,抗氧化性变差,易变质,甚至造成“烧瓦抱轴”等故障。因此,发动机应换用黏度牌号高的润滑油;变速器和差速器应换用厚质齿轮油,并适当缩短换油周期。轮毂轴承换用滴点较高的润滑脂,要按规定周期进行检查与维护。经常检查润滑油数量、油质情况,并及时加以维护。换用时,先放出发动机油底壳、变速器、减速器、转向器等各总成内的润滑油,清洗后加注夏季用高黏度润滑油及高沸点润滑脂。

(3)防止发动机爆燃。气温高时散热慢,叉车散热器常常因为温度居高不下而影响发动机的功率,甚至可能引起混合气“自燃”,使得发动机不能正常工作。应根据发动机的压缩比选用辛烷值合适的汽油,当使用的汽油牌号低于要求时,应调整分电器上的辛烷值调节装置,适当推迟点火提前角,降低燃烧室末端混合气温度;对燃烧室、活塞顶部、气门头等部位的积炭要进行彻底清除。清除炽热点,保持良好的散热性和正常的压缩点。

(4)防“自爆”。夏季气温较高,日最高气温常常在35℃以上,这使得叉车自身的故障率也大大提高。高温也使得一些部件膨胀变形,轻者会加速部件磨损,重者会损坏机件。

(5)防止供油系统气阻。对于使用中的叉车防止气阻的办法是,在原车的基础上改善发动机的散热和通风,以及隔开供油系统的受热部位。具体措施如下:运行中发生了气阻,可用湿布使汽油泵冷却或将叉车开到阴凉处,降温排气;在汽油泵与排气管之间加装一块隔热板,以防汽油泵受高温而影响正常工作。

(6)防蒸发。高温下,油及水的蒸发都将增加,油盖要盖严,油管要防止渗油;经常检查散热器的水位、曲轴箱的机油油面高度、制动主缸内的制动液液面高度及蓄电池内电解液密度和液面高度等,不合规定时,要及时添加和调整。

(7)防止制动效能不良。液压制动叉车应选用沸点高(不低于115~120℃)的制动液,注意检修制动主缸和轮缸,特别是密封皮圈,要排除管路中的空气。气压制动叉车,要检查制动软管和轮缸皮碗的良好程度,发现问题及时更换。在运行中如感到制动效能下降,应停车检查、降温。为防止制动液产生气阻,保证行车安全,应采用沸点高的制动液。

(三)叉车在高温条件下的维护

(1)调整化油器,降低浮子室油面高度,减少主喷管与省油器的出油量;适当地推迟点火提前角;清洗燃料系统的燃油箱、滤清器、汽油机的化油器;调整汽油机的化油器或柴油机的泵喷嘴系统;进/排气歧管上有预热装置的,应调至“夏”字位置。

(2)经常检查电解液密度和液面高度,电解液的密度比冬季使用时要小些,及时补充蒸馏水,并保持通气孔畅通。适当调整发电机调节器,适当降低充电电流、电压,并清洁调节器触点;调整蓄电池电解液密度(适当降低)。

(3)正确调整点火系统机件,如汽油机要调整火花塞间隙(适当增大)和分电器断电触点间隙(适当增大)。适当推迟点火时间,清除火花塞上的积炭,防止爆振。

(4)加强轮胎的检查。夏季南方路面温度常常在70℃以上,叉车轮胎因为受热,胎内气压增高,容易爆胎。高温环境下长时间运行必须经常检查轮胎温度,防止胎温度过高。必要时,应将叉车停在阴凉处降温,待胎温降低后再继续运行,绝不能采用泼冷水或放气压的方法降温。注意按规定标准对轮胎进行充气,保持气压正常。

(5)改进散热装置,提高冷却强度。对冷却系统的密封情况、风扇传动带的松紧度、节温器的工作情况进行检查,并保证系统有充足的冷却液。清除冷却系统(散热器、水套)的水垢。在发动机过热、散热器水沸腾时,应及时停车降温,且注意不要熄火,防止发动机内部过热,发生拉缸事故。

(6)在炎热的夏季,发动机应换用黏度较高的润滑油,变速器和差速器应换用厚质齿轮油,应适当缩短换油周期。轮毂轴承换用滴点较高的润滑脂,要按规定周期进行检查与维护。

六、叉车在低温条件下的维护

叉车在冬季使用时,因气候寒冷,发动机起动困难,冷却液和电解液易冻结,同时零件磨损和燃油消耗量显著增加。因此,在入冬之前需采取相应的措施,加强维护,确保叉车安全过冬。

1.柴油车应早些使用冬季柴油

使用凝点低、流动性好的燃油。低温时燃油的黏度增加,流动性变差,雾化不良容易使燃油的燃烧过程恶化,发动机的起动性、动力性、经济性明显下降。因此,在有条件的情况下应选用凝点较低的燃油。一般选用原则是,燃油的凝点比环境温度低5℃左右。装备柴油发动机的叉车,冬季绝对不能使用0号柴油,也就是常说的夏季柴油,而要使用35号以上的冬季柴油。柴油的标号表示的是柴油的凝固点,0号表示这种柴油在0℃时就会凝固,而35号表示这种柴油的凝固点在-35℃。在我国大部分地区,冬季使用35号柴油就可以了。但在东北、西北某些高寒地区要使用40号或更高标号的柴油。由于柴油中含有石蜡,因此一旦凝固便无法流动,叉车自然也就无法起动。

2.汽油发动机应检视调整化油器

冬季时,汽油叉车可适当升高化油器浮子室油平面高度,调整加速油泵行程,使混合气

(变浓)适应低温工作的需要。如果叉车装有手动阻风门,应检查一下操纵机构开闭是否灵活;如果是自动阻风门(比如靠冷却液温度或电加热线圈工作),就更要检修一下,这一装置一旦出现故障,冷车起动将变得十分困难。如果叉车起动困难,一定不要往进气管中倒汽油,这是十分危险的。如有必要,可以往进气管中加一些起动液。

3. 换用冬季用机油

冬季选用黏度较小的发动机机油。在低温条件下,发动机机油的黏度随着温度下降而增大,流动性变差,摩擦阻力增大,发动机起动困难。因此,应通过及时更换黏度较小的机油来弥补或消除这种不良影响。进入冬季应对变速器、主减速器、转向器等换用冬季润滑油,轮毂轴承换用低滴点润滑脂。一般来说 20 号以上牌号的机油称为夏季机油,而 10W 以下的机油在冬季使用最好。需要说明的是:W(Winter 的缩写),也就是冬季的意思。此处,W 没有什么实际的意义,意义在于 W 前面的数字。比如,5W、30W 前面的数字越小,表示该机油在冬季低温起动能力越强。一般现在标准的都是 5W-30 的冬天夏天通用。因此,对于绝大多数叉车,在冬季应使用 15W-40 的机油;在某些严寒地区,还应使用专门的抗冻机油。对于变速器、驱动桥,最好也更换成相应的冬季机油。

4. 调整点火系统,维护预热装置

根据冬季的特点,及时检查并调整供油(点火)提前角(时间)、发动机气门间隙、发动机汽缸压力,使其达到规定值,便于发动机的顺利起动,减少机件磨损及油料的消耗。为了便于低温起动,应适当增加断电器触点闭合角度,触点间隙调整为 0.30 ~ 0.40mm,以增强火花强度。对带有预热装置的发动机(大多为柴油机),入冬之前应对预热装备进行一次检查维护,确保技术状况良好。维护时重点检查电路和油路,防止因预热装置工作不良而影响发动机的起动性。

5. 维护电气设备

由于低温下蓄电池放电量增大,因此发电机充电量必须提高,可适当调高调节器限额电压,一般情况下冬季调节器的限额电压比夏季时高 0.6V 比较合适。冬季发动机起动困难,起动电机的使用次数频繁,如起动机功率不足,又会进一步增加发动机起动难度。实践表明,在夏季里,如果起动机稍有故障而功率略显不足时,起动发动机可能还能起动;但到了冬季起动却会变得很困难,甚至不能起动。因此,应将起动机进行一次彻底的维护,保持起动机各部清洁、干燥。为防止蓄电池过冷发生冻结及影响起动性能,冬季可给蓄电池制作一个夹层保温电池箱,以维持蓄电池的温度。

七、叉车整车维护后的验收试车

(一)动力系统的验收

叉车整车维护以后,必须确保动力性能良好,怠速运转稳定,燃油消耗经济,附件工作正常,各部润滑良好。具体要求如下。

(1)常温下(20℃ ±5℃),用起动机在 5 ~15s 内能顺利起动。

(2)运转中,各部衬垫、油封、水封及各接头等处,不得有漏油、漏水、漏气、漏电现象。

(3)冷却液温度在 75 ~85℃时,汽缸压力应符合规定。

(4)怠速运转时,机油压力应不低于 98kPa;中速运转时,机油压力应为 200 ~400kPa。

(5)起动后,在低速、中速、高速时,运转都应均匀。

(6)发动机突然加速时,不应有断火或熄火现象。

(7)化油器及排气管不得有回火爆炸声,排气不应有时浓、时淡或冒黑烟现象;柴油机允许冒淡蓝色烟。

(8)发动机在正常温度下运转时,不允许活塞销、连杆轴承、曲轴轴承有异响及活塞敲缸声,但允许正时齿轮、机油泵齿轮和气门脚有轻微而均匀的响声。

(9)曲轴通风孔允许有依稀可见的气体逸出。

(10)检验合格后的发动机,应按规定再次拧紧汽缸盖螺栓、螺母。

(二)整车的验收

内燃叉车整车维护后的竣工验收具体要求如下。

(1)整车内外各部位应整洁、干净,各种标志应齐全。油漆不得黏附在电镀、橡胶及各个运动件的配合表面。整车油漆应平整、无皱纹及流挂现象。全车外露表面应均匀美观。

(2)车上仪表、灯光、信号及标志必须齐全、可靠和有效,灯光亮度、光束应符合要求。喇叭音响清脆洪亮,无异响。电器线路完整,包扎、卡固良好。后视镜安装良好。

(3)润滑油(脂)齐全、有效,所有润滑部位及总成内部均按出厂季节、品种及规定容量加足润滑油(脂)。液压系统用油符合规定。

(4)各液压系统的所有管路和接头,应安装正确,不碰擦、不松动、不渗漏。各油泵、液压控制阀、油缸、变矩器及液力变速器等均不得有异响。各液压油缸的运动必须平稳,无颤抖、爬行现象。

(5)叉车内外门架运动灵活,两条起重链张紧程度应相等,不扭曲;货叉的两个叉臂应保持在相同水平位置。

(6)转向轻便灵活,无跑偏、摇摆现象,动力转向工作正常,转向盘在复位后能保持直线行驶,最小转弯半径符合设计要求。

(7)制动踏板自由行程、驻车制动行程和驻车制动、行车制动的制动效能符合要求。离合器接合平稳、分离彻底,无打滑、发抖现象,踏板自由行程符合要求。液力变矩器工作可靠、平稳,无过热、发抖现象。变速器换挡应轻便灵活,无乱挡、跳挡现象。动力换挡,变速器换挡应轻便、准确,无跳挡和分离不彻底现象。制动时,能迅速切断动力。

(8)工作装置的最大起升高度应符合原设计要求。工作装置的最大起开速度,应不小于原设计的90%。门架的前后倾角,应符合原设计要求。两倾斜油缸动作应协调一致。前倾时,货叉前端应与地面相接触。起升机构工作时,运行平稳、升降自如、无阻滞现象。叉架空载升降时,允许部分滚轮不转,重载时则应全部滚动。滚动端面不允许与内门架相接触。

(9)轮胎安装正确,气压符合要求。全部检查合格后进行空载试验,空载运转30min,反复完成各项动作,检查各部运转是否正常。静负荷试验时,用额定载荷起升至最高点,在10min内,门架自倾角不得超过35°,起升油缸活塞杆下滑量不得超过25mm。加载至1.25倍额定载荷,停留10min后卸去,门架无永久变形。动负荷试验时,用1.1倍额定负荷进行升降、倾斜、走行及制动试验,各机构应动作灵敏、可靠,不应有漏油、过热、异常等现象。能爬行20%坡度,10m及以上坡道能上得去,退坡能停住,性能达到设计要求。超载20%时,安全阀应能打开。

任务三 叉车的维护周期

定期维护时间表如表5-2～表5-11所示。(注:√—检查、校正、调整)

蓄电池定期维护时间表 表5-2

维护项目	维护内容	工具	每天(8h)	每周(50h)	每月(200h)	3个月(600h)	6个月(1200h)
蓄电池	电解液水平	目测		√	√	√	√
	电解液比重	比重计		√	√	√	√
	接线端子是否松动		√	√	√	√	√
	连接线是否松动		√	√	√	√	√
	蓄电池表面是否清洁		√	√	√	√	√
	蓄电池表面是否放置工具		√	√	√	√	√
	通风盖是否拧紧 通风口是否畅通			√	√	√	√
	远离烟火		√	√	√	√	√

控制器定期维护时间表 表5-3

维护项目	维护内容	工具	每天(8h)	每周(50h)	每月(200h)	3个月(600h)	6个月(1200h)
控制器	检查触点的磨损状况					√	√
	检查接触器机械运作是否良好					√	√
	检查踏板未动开关运作是否正常					√	√
	检查电动机、蓄电池及功率单位之间的连接是否良好					√	√
	检查控制器故障,判断系统是否正常						初次2年

电动机定期维护时间表 表5-4

维护项目	维护内容	工具	每天(8h)	每周(50h)	每月(200h)	3个月(600h)	6个月(1200h)
电动机	清除电动机壳上的异物				√	√	√
	清洗或更换轴承						√
	碳刷、整流子是否磨损,弹簧弹力是否正常				√	√	√
	接线是否正确、牢靠				√	√	√
	清刷换向片小沟及换向器表面积炭					√	√

传动系统定期维护时间表 表 5-5

维护项目	维护内容	工具	每天(8h)	每周(50h)	每月(200h)	3个月(600h)	6个月(1200h)
变速器与轮边减速机构	是否有噪声		√	√	√	√	√
	检查渗漏		√	√	√	√	√
	换油						×
	检查制动器工作情况		√	√	√	√	√
	检查齿轮运行情况					√	√
	检查与车架连接处螺栓松动情况				√	√	√
	检查轮毂螺栓拧紧力矩	扭力扳手	√	√	√	√	√

轮胎(前、后轮)定期维护时间表 表 5-6

维护项目	维护内容	工具	每天(8h)	每周(50h)	每月(200h)	3个月(600h)	6个月(1200h)
轮胎	磨损、裂缝或损伤		√	√	√	√	√
	轮胎上是否有钉子、石头或其他异物				√	√	√
	轮辋损伤情况		√	√	√	√	√

转向系统定期维护时间表 表 5-7

维护项目	维护内容	工具	每天(8h)	每周(50h)	每月(200h)	3个月(600h)	6个月(1200h)
转向盘	检查间隙		√	√	√	√	√
	检查轴向松动		√	√	√	√	√
	检查径向松动		√	√	√	√	√
	检查操作状况		√	√	√	√	√
转向器与阀块	检查安装螺栓是否松动				√	√	√
	检查阀块与转向器接触面泄漏情况		√	√	√	√	√
	检查各接口接头的密封情况		√	√	√	√	√
后桥	检查后桥安装螺栓是否松动				√	√	√
	检查弯曲、变形、裂缝或损伤情况				√	√	√
	检查或更换桥体支承轴承润滑情况					√	√
	检查或更换转向轮毂轴承润滑情况					√	√
	检查转向缸操作情况		√	√	√	√	√
	检查转向缸是否渗漏		√	√	√	√	√
	检查齿轮齿条啮合情况					√	√
	传感器接线与工作情况					√	√

制动系统定期维护时间表 表 5-8

维护项目	维护内容	工具	每天(8h)	每周(50h)	每月(200h)	3个月(600h)	6个月(1200h)
制动踏板	空行程	刻度尺	√	√	√	√	√
	踏板行程		√	√	√	√	√
	操作情况		√	√	√	√	√
	制动管路是否有空气		√	√	√	√	√
制动操纵	制动是否安全可靠有足够行程		√	√	√	√	√
	操纵性能		√	√	√	√	√
杆、拉索等	操纵性能				√	√	√
	连接是否松动				√	√	√
	与减速箱连接接头磨损情况					√	√
管路	损伤、渗漏、破裂				√	√	√
	连接、加紧部位、松动情况				√	√	√
制动主缸轮缸	渗漏情况		√	√	√	√	√
	检查油位、换油		√	√	√		×
	主缸、轮缸动作情况					√	√
	主缸、轮缸渗漏、损伤情况					√	√
	主缸、轮缸活塞皮碗、止回阀磨损情况,更换						×

液压系统定期维护时间表 表 5-9

维护项目	维护内容	工具	每天(8h)	每周(50h)	每月(200h)	3个月(600h)	6个月(1200h)
液压油箱	油量检查、换油		√	√	√	√	×
	清理吸油滤芯						√
	排除异物						√
控制阀杆	连接是否松动		√	√	√	√	√
	操作情况		√	√	√	√	√
多路阀	漏油		√	√	√	√	√
	安全阀和倾斜自锁阀操作情况				√	√	√
	测量安全阀压力	油压表					√
管路接头	渗漏、松动、破裂、变形、损伤情况				√	√	√
	更换管子						×(1~2年)
液压泵	液压泵是否漏油或有杂音		√	√	√	√	√
	液压泵主动齿轮磨损情况				√	√	√

起升系统定期维护时间表 表 5-10

维护项目	维护内容	工具	每天（8h）	每周（50h）	每月（200h）	3 个月（600h）	6 个月（1200h）
链条链轮	链条链轮结构		√	√	√	√	√
	链条加油				√	√	√
	链条销及松动情况				√	√	
	链轮变形、损伤情况				√	√	√
	链轮轴承是否松动				√	√	√
属具	检查状态是否正常				√	√	√
起升缸和倾斜缸	活塞杆、活塞杆螺纹及连接是否松动、变形、损伤情况		√	√	√	√	√
	操作情况		√	√	√	√	√
	渗漏情况		√	√	√	√	√
	销和油缸钢背轴承磨损、损伤情况				√	√	√
货叉	货叉损伤、变形、磨损情况				√	√	√
	定位销的损伤、磨损情况					√	√
	货叉根部挂钩焊接部开裂及磨损情况				√	√	√
门架货叉架	内门架、外门架上与横梁焊接处是否开裂、损伤				√	√	√
	倾斜缸支架与门架焊接处是否焊接不良、开裂、损伤				√	√	√
	内、外门架是否焊接不良、开裂或损伤				√	√	√
	货叉架是否焊接不良、开裂或损伤				√	√	√
	滚轮是否松动				√	√	√
	门架支承轴瓦磨损、损伤情况						√
	门架支承盖螺栓是否松动				√（仅第一次）		√
	起升油缸活塞杆头部螺栓、弯板螺栓是否松动	检测锤			√（仅第一次）		√
	滚轮、滚轮轴及焊接部开裂、损伤情况	检测锤			√	√	√

其他项目定期维护时间表 表5-11

维护项目	维护内容	工具	每天(8h)	每周(50h)	每月(200h)	3个月(600h)	6个月(1200h)
护顶架和挡货架	安装是否牢固	检测锤	√	√	√	√	√
	检查变形、开裂、损伤情况		√	√	√	√	√
转向指示灯	工作及安装情况		√	√	√	√	√
喇叭	工作及安装情况		√	√	√	√	√
灯和灯泡	工作及安装情况		√	√	√	√	√
倒车蜂鸣器	工作及安装情况		√	√	√	√	√
仪表	仪表工作情况		√	√	√	√	√
电线	线损伤、固定松动情况			√	√	√	√
	电路连接松动情况				√	√	√

本项目小结

叉车在使用过程中,由于受各种因素的影响,其零部件必然会产生不同程度的松动、磨损、机械损伤和锈蚀。为了提高叉车的使用寿命及防止意外事故的发生,必须对机器进行严格地定期维护。本项目介绍了叉车维护作业基础常识、叉车维护作业分类及内容;讲解了叉车日常维护与一级技术维护、二级技术维护的作业要点;列举了叉车的清洁、润滑、调整、轮胎维护、高温及低温维护等作业内容和技术要求。最后具体给出了叉车维护周期维护时间表资料,更加有利于指导叉车维护工作的实际操作。

关键术语

维护作业　磨损特性　维护周期　定期维护　非定期维护
日常例行维护　一级技术维护　二级技术维护　初驶维护　水垢
积炭　油垢　尘害　润滑作业　清洁作业
调整作业　规程性调整　修理性调整

复习与思考

1. 叉车维护作业基础常识包括哪些方面?叉车维护的基本原则是什么?
2. 试说明叉车维护作业分类及内容,以及整车维护后的验收试车应如何进行?
3. 日常例行维护的内容、作业要点及注意事项有哪些?
4. 一级技术维护的内容、作业要点及注意事项有哪些?
5. 二级技术维护的内容、作业要点及注意事项有哪些?

6. 叉车新车的初驶维护包括哪些内容?

7. 请简单介绍一下叉车的维护周期。

实践训练项目

深入一家以仓储业务为主的第三方物流公司,根据叉车维护相关知识,选择 1 ~3 台叉车,了解其维护作业内容、技术要点、实施情况,并有针对性的制订叉车维护周期表,写出维护作业报告。

项目六　叉车故障检修

知识目标

1. 掌握故障分析的方法(经验法、推理分析法)；

2. 理解叉车故障诊断的基本原则；

3. 掌握叉车传动系统与制动器、驱动桥与转向系统、门架、货叉故障的外部表征,了解其故障检修和排除的一般方法；

4. 了解叉车维修操作时的注意事项；

5. 了解叉车故障的预防措施。

能力目标

1. 能够对叉车常见故障进行初步诊断；

2. 灵活运用各类诊断方法,诊断叉车传动系统与制动器、驱动桥与转向系统、门架、货叉常见故障,并对故障进行排除；

3. 能够在工作场所发现并排除安全隐患。

案例导入

某物流叉车组的小陈最近挺郁闷,朝夕相处的“老伙计”总是“嗑嗑”直响地向他“抱怨”。小陈开始没有注意,突然有一天这位“老伙计”罢工不干了,根本无法起重,把驾驶室内的小陈吓出了一身冷汗。维修黄师傅赶紧过来检查。听完小陈叙述后立即检查了叉车油箱等部件。黄师傅检查完后就问小陈:“多久没有换油了？多久没有清洗滤网了？听到异响怎么不停机检查？竟然还让叉车‘带病’工作?”小陈非常委屈说:“这不是赶工期进度忘记了嘛!”

黄师傅首先紧固了叉车内松动的紧固件,更换了磨损严重的油泵以及失去性能的活塞密封圈,并且清理干净了工作箱内的滤网,然后加够了润滑油。做完这些工作后,小陈的“老伙计”已恢复了工作状态。但黄师傅还是耐心地提醒小陈说:“工欲善其事,必先利其器。想要叉车成为你的好帮手,你就必须学会与它好好相处,掌握必要的故障判别与排除方法,小问题没有解决,最终会酿成大故障,甚至会威胁到司机与工作人员的人身安全。”

在叉车使用过程中,难免要出现这样或那样的毛病,将对驾驶人员的劳动强度、作业效率、运输效益、车辆技术状况及行驶安全带来很大影响。怎样尽量减少或避免故障,杜绝事故隐患,是叉车驾驶、维修人员比较关心和重视的问题。对叉车进行正常及时的检修,能使这些设备有较长的使用寿命。

任务一　叉车故障分析

一、故障分类

叉车故障是指叉车部分或完全丧失工作能力的现象，即零部件本身或其相互配合状态发生异常变化。常见的叉车故障一般有两种，即人为故障和自然故障。

人为故障所占比例较大，它是由于人们在使用、操作和维护时不符合技术规范所致。其特点是形成时间短，具有突发性。叉车是由许多零部件组合起来的，它们之间有着比较严格而精密的配合关系，如果人们未严格遵循维修规范对其进行使用、维护和修理，就很可能使部分零部件的工作规律受到破坏，相互之间的位置发生变化，配合关系失去了协调状态，最后导致机械产生反常的工作现象，这就是所谓的人为故障。

自然故障是由于叉车经过长时间的使用，各部机件磨损量剧增，疲劳程度加重，其值超过一定范围，就会自然产生故障，即渐进性故障。此类故障是逐渐形成的，例如汽缸磨损后的窜气、(排气管)冒蓝烟等。

二、故障分析的方法

故障分析就是找出故障原因及部位的分析判断检查过程。故障分析方法主要有经验法和推理分析法。

(1)经验法。从故障的症状凭经验判断确定故障的原因，这些故障诊断经验是在实践中总结积累的。

(2)推理分析法。故障分析是一个推理的思维过程，它反映了故障分析的规律性，因此它是故障分析法的基础。故障推理分析可分三步：首先根据故障的特征及故障的机理推出故障的本质，确定故障部位；然后根据故障的本质，推出导致故障的实质原因；最后根据故障的原因进行具体分析，确定最佳查找方案，按由简到繁、由表及里的原则查找验证，缩小查找范围，直到找出毛病所在。

三、故障分析

驾驶人员应熟悉叉车的构造原理，了解叉车设计制造的影响因素，然后结合故障现象进行检查分析，才能迅速准确地判明故障。同时，对叉车配件质量、叉车燃润油料品质等的影响因素还要综合考虑，故障分析时才会取得事半功倍的效果。这些都是叉车本身内在质量存在的问题(如材料不佳、强度不够、设计不妥等)。

运行环境条件的影响也非常重要，例如叉车在多尘环境下长期使用，空气滤芯容易脏污堵塞；叉车在炎热高温地区使用，供油系统容易产生气阻等，均会引发故障而影响正常使用。此类故障也可以采取相应措施预防。但运动副机件自然磨损、腐蚀、变质、老化引起的故障，则只能加以延缓，不能完全控制。

在使用、维护和检修中，叉车司机疏忽大意，也很容易导致人为故障和隐患。这是可以事前预防和控制的。掌握叉车故障的外部表现，是故障判断的依据，也是故障分析的关键。

任务二 叉车故障诊断

叉车故障诊断是指在不解体(或仅拆卸部分零件)的条件下,检查叉车的技术状况、诊断故障部位和确定故障原因的一门技术,它是叉车使用和维护技术的重要组成部分。掌握叉车故障诊断的方法,迅速准确地确定并排除故障,对于提高叉车的动力性、经济性、可靠性具有主要的意义。

一、叉车故障诊断的基本原则

随着作业时间的增长,叉车的"身体"就会慢慢开始"生病"(即叉车故障),如不及时进行维护,叉车的动力性、经济性、可靠性必然受到影响。叉车故障诊断的基本原则可概括为:搞清现象、结合原理、区别情况、周密分析、从简到繁、由表及里、诊断准确、少拆为益。

(1)抓住引起故障现象的特征。先全面搜集、了解故障的全部现象,弄清是使用中逐渐出现的,还是突然出现的;是在叉车维护中出现的,还是维修中出现的;在什么状况、条件下现象明显;在允许条件下,改变叉车工作状况,了解现象的变化,从中抓住其故障现象特征。

(2)分析造成故障原因的实质。任一故障的发生总有一两个实质性原因,必须分析确定后再查找,以免走弯路。如叉车发动机排气管冒黑烟,实质是燃料不完全燃烧所致,故应抓住油、气及其混合的关键。而要能准确抓住问题关键,必须熟悉叉车的结构、工作原理及正常工作所具备的条件。

(3)避免盲目性。在诊断叉车故障过程中,尽量避免盲目的拆卸,否则将造成人力、材料和时间的浪费;同时要注意防止因不正确的拆卸而造成新的故障。注意采用合理的叉车故障检修顺序,才能省时省力,少走弯路而迅速做出准确的故障判断。

二、叉车故障的外部症状和参数

叉车发生故障后,就会出现与正常工作相区别的故障现象,常见的故障现象有运动异常、声响异常、外观异常、气味异常、温度异常等。经验丰富的驾修人员,在刚刚出现故障症状时就能觉察和排除,避免引发大的损失。及时清除发现的故障隐患,避免因自然磨损、疲劳损伤、老化变质等原因造成的叉车故障。根据叉车各部件的使用寿命和使用过程中机件的疲劳磨损程度、螺栓松动状态、配合间隙的变化等实际情况采取措施,及时检查、调整和紧固,或适时地更换机件,以消除故障隐患,做到防患于未然。由于形成故障的原因不同而引起的症状各具特点,归纳起来大致有以下几种情况。

(1)工作状况突变。如叉车在运行时,发动机突然熄火或转速迅速下降,直至熄火后再起动困难,甚至不能重新起动,一旦发生此情况麻烦不小;或叉车在行驶中,突然制动无力或跑偏、甩尾,甚至制动失效;有时在行驶中,找不到挡位或挂错挡(俗称"乱"挡)等。

(2)声响异常。叉车在行驶过程中出现的非正常声响,如发动机敲缸响、气门脚响、传动轴、变速器异响等,是叉车早期故障的"报警器"。在驾驶中突然发生非正常声响,作为司机应立即意识到叉车出了问题,此时应立刻停车检查,切不可"带病"运行,一般声响沉重并伴有明显振抖现象的,多为恶性故障,应立刻送修。对一般声响,常因位置不同而具有不同的特征，所以在驾驶过程中，应时常注意声响的变化情况，以便及时发现和排除事故隐患。

(3)过热高温现象。过热高温现象通常出现在叉车发动机、变速器、驱动桥、主减速器、差速器及制动器等总成上。例如，发动机过热，多为冷却系统有问题。通常是冷却液缺乏或水泵不工作，如不及时加注会引起燃油在燃烧室内突爆早燃，甚至活塞顶部烧熔等。变速器和驱动桥过热，多为缺少润滑油所致；制动器过热，多为制动蹄片不复位而引起，以上现象有的可通过仪表直接反映出来，大多是需要平时注意观察，用手触摸其外表温度即可感觉出来。

(4)燃油和润滑油消耗超标。燃油和润滑油消耗超标，表明叉车技术状况恶化或产生故障。如燃油消耗超标，一般为发动机工作不良；化油器雾化及浮子室液面存在故障或传动系统、制动系统调整不当而增大行驶阻力。若机油消耗超标，多为发动机存在故障，常伴有排气颜色异常，其原因主要是活塞与汽缸壁的配合间隙过大或有严重损伤；若机油有增无减，有可能是冷却液或燃油渗入油底壳。由此可见，燃油、润滑油消耗异常与叉车发动机技术状况是息息相关的。

(5)排气烟色异常。注意观察叉车发动机排出废气的烟色变化，有利于了解发动机的工况。例如，汽油机正常排出的废气应无色透明；若汽缸上窜机油时废气呈蓝色，燃料燃烧不彻底时废气呈黑色，点火正时及配气相位失准或燃油中有水时废气呈白色(但冬季废气呈白色不一定是燃油中有水)。

(6)出现特殊气味。在叉车行驶过程中，一旦发觉有异常的气味，应立即停车查明情况，以免引起更大的故障。例如，发动机过热、润滑油或制动液受热挥发甚至燃烧时，会散发出极特殊的气味；电路短路搭铁，导线烧熔时，会发出臭味；离合器打滑、摩擦片烧蚀、制动带拖滞摩擦等，都会散发出一种异常难闻的焦臭味。

(7)漏油、漏气现象。是指叉车的燃油、润滑油(机油或齿轮油)、制动液、动力转向器油、压缩空气等的渗漏。例如，燃油、润滑油等油品的渗漏，一般都有一定的痕迹、油污及气味；而压缩空气泄漏时，可听到明显地漏气声，注意查看易漏油的部位及定期检查油面高度。

(8)叉车外观异常。发觉在行驶中的叉车有倾斜、扭曲、变形等，行驶不稳定、跑偏等异常现象。可将叉车停在平坦的场地上，如有横向或纵向歪斜，原因多为车架、车身、轮胎、悬架异常。

另外，诊断叉车故障还应当以其技术状况的诊断参数和诊断对象(表6-1)为依据，通过这些物理量或化学量来判定叉车某些部位技术状况的变化或症状。

叉车技术状况诊断参数与诊断对象 表6-1

技术状况变化	诊断参数	诊断对象
动力性能下降	转速、转矩、功率、加速时间、减速时间	汽缸－活塞组和配气机构、曲柄连杆机构、燃油系、润滑系
经济性能下降	燃油消耗、润滑油消耗、进排气系统的压力及温度、冷却系的温度、润滑油的温度和压力	进排气系统、燃油系、冷却系、润滑系
工作容积密封性能的变化	汽缸压缩压力、汽缸漏气率、曲轴箱窜气量、曲轴箱压力、起动机的启动电流	汽缸－活塞组、曲柄连杆机构和配气机构

续上表

技术状况变化	诊 断 参 数	诊 断 对 象
配合副配合尺寸的变化	振动加速速度幅值和频率、噪声声级和频率、润滑油压力、润滑油油质分析	各配合副间隙、轴承、齿轮等
润滑油和冷却液物理、化学性能和成分的变化	黏度、酸值、含水量、磨损颗粒尺寸、浓度、成分等	各相对运动的摩擦副、润滑系、冷却系
排气成分的变化	烟度、温度、压力等	燃油系、进排气系统
热状况的变化	温度及温度变化的速度	冷却系、润滑系

三、叉车故障的诊断

一般情况下是通过以下三个方面来诊断叉车有无故障：一是通过观察仪表给出的信号（如警告灯亮为油压失常等）；二是凭自身感觉了解叉车的工况有无异常（如运行无力、制动失效、机件异响等）；三是在定期维护中发现叉车潜在的安全隐患及故障。

叉车故障的常用诊断方法，即直观诊断。其特点是不需检测仪器、设备和工具等科学手段，根据故障的外表特征（工作情况、温度、噪声、外观和气味），以及工况突变、过热、渗漏、烟色、燃润料消耗等，依靠人的眼、耳、口、鼻、舌、手，用听、看、摸、嗅等方法观察和感觉来诊断故障。当然其诊断准确性在很大程度上取决于诊断人员的技术水平。通常司机遇到叉车故障时，大多首先采用此法。诊断时采取以下方式先搞清故障的症状，然后由简到繁、由表及里、逐步深入，进行推理分析，最后做出判断。

一问：就是调查。问明叉车技术状况、故障迹象、故障属突变还是渐变等。

二看：就是观察。例如观察排气颜色，再结合其他情况进行分析，就可诊断其工作情况。

三听：就是凭听觉判别叉车声响，从而确定哪些是异常响声，他们是怎样形成的。

四嗅：凭借故障部位发生的异常气味来诊断故障。如燃烧焦味、不正常燃烧气味等。

五摸：用手直接触摸可能产生故障的部位温度、振动情况等，从而判断出配合副有无咬粘、轴承是否过紧等，可判断工作是否正常。

六试：就是试验验证。例如，诊断人员可亲自试车去体验故障部位，可用更换零件法来证实故障的部位，有时可结合路试来判断故障。

在有条件的情况下可借助各种仪器、仪表检测，进行科学的诊断验证。将个别症状放大或暂时消隐，进行直观的诊断。根据异响特征出现的时机、转速的快慢、速度的高低、润滑的优劣、声响的大小、振抖的程度等来分析其特殊变化的规律。

上述诊断方法应根据不同故障和具体情况灵活运用。掌握故障症状的第一手资料后，按照叉车的结构原理，从简到繁、由表及里，有系统、有步骤地进行仔细分析。特别是在使用中会发生故障，这就要求司机对故障进行诊断，司机通常采用简易可行的直观诊断，即通过眼看、耳听、手摸、鼻子嗅以及试车等方法，将故障现象、特征等进行分析从而确定故障。

任务三　常见故障检修

一、叉车传动系统常见故障检修

叉车传动系统故障主要表现为离合器故障,这是叉车维修中较常见的问题。离合器常出现打滑、发抖、分离困难、踏板力过大和踏板不复位等故障,这些异常现象表明离合器中的某些零部件可能处于不正常的状态下工作,或者是这些零部件受到了损伤和破坏。

1. 离合器打滑

引起离合器打滑的原因有很多,有油污是比较常见的原因。如果离合器壳的底部有油灼烧的痕迹,则肯定已有油浸入离合器内部。发动机后主油封或变速器轴油封泄漏是较易发生的,而发动机后部通过气门室盖或进气歧管密封垫泄漏的油有时也能流到离合器里。不管原因何在,在装新离合器之前必须寻找和确定进油的原因。离合器打滑只是“症状”或现象,不是问题的根源。若仅更换离合器,故障很快还会重复出现。

(1)故障现象。叉车起步困难,松开离合器踏板后,动力不能完全传递。尤其当上坡加大节气门开启度时,发动机转速虽已提高,但车速提不高,甚至有降低。离合器长时间打滑会使分离杠杆磨损,摩擦片磨光或烧焦,发出黑烟和焦味,甚至使从动盘变形,分离轴承烧死。

(2)故障原因。离合器压盘弹簧软弱或折断,离合器摩擦片磨薄、硬化,铆钉外露和有油污。离合器操纵杆系活动受限,离合器踏板无自由行程以及分离杠杆调整过高等。如果发现操纵杆系太紧,经重新调整仍打滑,则打滑的原因可能出现离合器片上。

(3)故障诊断与排除。拉紧驻车制动器,踩下离合器踏板,起动发动机,挂挡后松开离合器踏板,慢慢踩下加速踏板,若车身不动,但发动机不熄火,说明离合器打滑。首先检查离合器踏板有无自由行程,按规范进行调校。接着检查分离轴承套筒有无卡滞现象和离合器固定螺钉是否松动等。若均完好,再检查从动摩擦片是否磨薄、硬化,表面有无油污以及铆钉外露等。经上述检查、紧固和调校仍然无效时,应分解离合器,检查压板弹簧的弹力。

2. 离合器分离不彻底

(1)故障现象。当发动机怠速运转,踩下离合器踏板时,挂挡感到困难,变速器齿轮有撞击声。勉强挂挡后不松离合器踏板,叉车可以行驶或发动机熄火。

(2)故障原因。离合器踏板自由行程过大,分离杠杆位置太低使内端不在同一平面上,摩擦片严重开裂或从动盘变形,分离杠杆调整螺母松动或滑动销脱出等。

(3)故障诊断与排除。拆下离合器底盖挂空挡,将离合器踏板踩到底,用螺丝刀撬转从动盘,若拨转费力则离合器分离不开。先检查离合器踏板自由行程是否符合规定,按技术规范调校拉杆以及分离轴承与分离杠杆间隙。若无效则应检查摩擦片是否开裂、破损,从动盘是否变形,必要时按标准要求进行修复。

如果车辆存放时间较长,特别是在湿度较大的地区,生锈和腐蚀有时也可以使离合器摩擦衬片“锈结”到飞轮上。“锈结”的离合器松脱,可在踏板踩下的同时用变速器挂挡并起动发动机,但要确保车前无人和物。因为,如果离合器脱不开,车辆会突然向前开动。推动车辆行驶,也能使离合器分开,但有时候若锈蚀严重,推行时会损坏离合器。如需修理时,修理人员必须查明离合器盘的毛病后再进行更换。如果上述方法已使飞轮受损,则要重新修正它的表面。

3. 离合器发抖

(1)故障现象。叉车在起步或大负荷工作中,离合器有抖动情况。

(2)故障原因。分离杠杆内端不在同一平面上,离合器压板弹簧力不均或个别弹簧折断,摩擦片、铆钉松动、硬化等原因均会使离合器发抖。

(3)故障诊断与排除。首先拆下飞轮壳下盖,检查分离杠杆内端与分离轴承的间隙是否一致,摩擦片是否破损。若上述情况良好,应分解离合器,检查主、从动盘是否翘曲,摩擦片是否硬化、沾有油污,压板弹簧工作是否失效,如是应按规范修复。另外,叉车使用不正确也会造成离合器发抖,如车速降低应及早变速,按规定装载,防止超载等。

4. 离合器发出异响及噪声

(1)故障现象。叉车在使用中,离合器常发出不正常的噪声。

(2)故障原因。产生这一故障的原因是分离轴承缺油或烧损,离合器摩擦片破损,离合器片花键槽与变速输入轴花键齿磨损或松动,分离杠杆支架销磨损或松动,离合器分离轴承和分离杠杆间隙过大等。

(3)故障诊断与排除。当踩下踏板少许,使分离轴承与分离杠杆接触时,如发出均匀的"沙、沙"声,即为分离轴承缺油或损坏,可加注润滑油后再试;如仍不能消除响声,多为轴承损坏。在分离和结合时均发出响声,且兼有抖动现象,一般为离合器摩擦片损坏;踩下离合器踏板时有一种"嘎啦"声,说明离合器片花键槽与变速器输入轴花键齿磨损、松动,应予修复或更换。

对于离合器的噪声,可根据听到噪声的情况(接合时、分离时或是一直有)进行判断。如果离合器一直有或接合时有噪声,则应检查离合器操纵杆系,看它是否能充分自由移动。较好的方法是自由行程留出25mm的间隙,否则会由于分离轴承与离合器分离爪的摩擦而产生噪声。复位弹簧软弱或折断、操纵杆系受限或发卡等都妨碍分离轴承复位。

如果变速器挂空挡时噪声仍存在,多是变速器中的输入轴轴承出现问题,如输入轴前轴承松动也可能产生相似的声音。损坏的分离轴承可以在整个踏板行程范围引起噪声,当踏板全踩下时会听到很大的噪声。如果在离合器分离时无噪声出现,噪声可能和变速器有关,因为当离合器分离时输入轴停止旋转,变速器的轴、齿轮和轴承也停止旋转。另一方面,如果离合器分离开始出现噪声,由于仅在发动机和飞轮旋转而变速器输入轴不转时,输入轴前轴承才工作,所以很可能和输入轴前轴承有关。当踏板完全抬起时听到尖叫声,而且当踏板稍踩下(约12mm)时这种声音又消失,原因可能是由于分离轴承预紧负荷不当引起的,预紧负荷可使压盘分离爪沿分离轴承端面滑动。这个问题也可能由于下述原因之一引起:操纵杆系受限、助力缸弹簧失效、在环绕输入轴的分离轴承的支撑上缺少润滑脂、离合器分离叉上润滑脂不足。

随着离合器接合而产生的噪声可能也是由于离合器压盘的弹簧松弛或折断、离合器或输入轴毂的花键磨损、变速器与发动机间不对中等原因引起的。在离合器分离时,不对中也可能引起分离轴承与离合器分离爪产生摩擦。当踩下踏板时,分离叉松动或曲轴端过分跳动也可能引起噪声。

5.踏板力过大和踏板不复位

(1)踏板力过大。操纵杆系发卡造成踏板力过大,在装有液压操纵系统的叉车上,液压油孔或管路中的灰尘及其他障碍物均能增加踏板力。使用不配套的操纵杆叉或分离叉,错装了杆叉操纵杆系,这些情况也有可能影响踏板行程、产生噪声并引起分离上的问题。

(2)踏板不复位。如果踩下离合器踏板时根本没有阻力,而且离合器不脱开,可能是操纵杆系出了毛病。在装有液压操纵系统的叉车上,应检查液压油的液面及油缸是否泄漏。分离叉的折断或分离叉滑离其旋转中心也可引起同样的问题。如踩踏板的阻力正常,离合器也分离,而踏板不能复位,应检查操纵杆系是否发卡。检查的方法是从分离叉处断开操纵杆端,并使踏板动作;如果操纵杆系完好,则是离合器压盘出毛病,必须更换离合器;如果这种情况仅仅在发动机转换高速挡时才发生,则上述问题是由于离合器弹簧行程过大而引起的。

6.轴承的损坏

(1)分离轴承的损坏。经过一段时间运行后分离轴承会磨损。一般来说,分离轴承的寿命比离合器本身的寿命长。但是发动机和变速器间隙稍微不对中,例如有不适当的自由行程或司机有将脚放在离合器踏板上的不良习惯,其寿命就会降低;过分脏和潮湿也会使轴承损坏。为保证分离轴承及离合器不过早损坏,将离合器壳检查孔盖上盖是必要的。踏板应有25mm左右的自由行程,使分离轴承与离合器分离爪间留有1.5mm左右的间隙。一般在更换离合器时,也要更换分离轴承。

(2)变速器输入轴前轴承的损坏。前轴承具有很重要的功能,它支撑着变速器输入轴前端。当前轴承磨损时,输入轴会在该轴承中弯曲。这种情况能引起烧结、发颤并加速离合器磨损,甚至输入轴损坏,如果前轴承松动,则会产生噪声;如发卡则可能妨碍离合器的分离,产生挂挡困难等现象。

同分离轴承一样,前轴承也有使用不当的情况,因而在更换离合器时也要更换前轴承。检查花键轴是否损坏,可将离合器摩擦片装到输入轴上,然后来回移动离合器片;也可在组装之前,把一个新离合器的摩擦片装到输入轴上进行检查。

二、叉车制动器系统的检修

(一)叉车制动器对操纵力的要求及性能测试

制动器作为叉车必备的行驶安全部件,不管其结构如何,都必须满足制动性能的要求。在有关车辆的国家标准中,都规定机动车辆必须装有运行制动器和停车制动器,并有各自独立的操纵机构,但操纵机构可以与同一制动器起作用,而且停车操纵机构必须是机械式的。

1.叉车制动器对操纵力的要求

(1)对于通过踩下制动器踏板才能制动的制动器,操纵力最大为700N时应能达到叉车制动性能的要求。

(2)对靠制动踏板向上运动(将制动踏板放松)才能制动的制动器,则踏板完全放松时应能达到制动性能的要求。

(3)对靠手柄操纵的制动器,在手柄的握紧点上施加小于150N的力应能达到制动性能的要求。

(4)对靠握紧把手制动的制动器,在制动把手的中间位置施加小于150N的力应能达到制动性能要求。

(5)对靠转向手柄操纵制动的制动器(如步行操纵的车辆制动器),当手柄处于最大行程位置时,在放松手柄或行程控制开关后应达到制动性能的要求。

2.叉车制动器的具体规定

叉车必须装有停车制动器,在停车制动时,装有额定载荷的叉车应能够在它可行使的最大坡度或下列坡度(两者中取小值)上停住而不要司机帮助。具体规定为:

(1)内燃或电动的、坐式或站立操纵的叉车停车坡度为15%。

(2)操纵台可起升的叉车和侧面码垛式叉车停车坡度为5%。

(3)步行操纵的车辆停车坡度为10%。

(4)窄通道车停车坡度为10%。

3.叉车制动器的性能测试

叉车在停车制动时,必须能停在规定的坡度上,直到司机将制动器松开为止。叉车的制动性能是否满足制动能力的要求,需要进行试验检测,特别是新类型制动器必须进行试验。试验的目的是测定制动力和制动距离,以此检查行驶制动和停车制动是否合格。叉车的制动距离与制动初速度有关,JB/T 2391—2007《500kg~10000kg平衡重式叉车 技术条件》中,规定驻车的制动距离是:标准空载状态下,以20km/h的制动初速度开始制动时,制动距离应≤6m;标准载荷状态时,以10km/h的制动初速度开始制动时,制动距离应≤3m。

测试制动器的制动力和制动距离必须符合有关标准的规定。

(1)制动器的磨合。除整车磨合行驶中的使用磨合外,在制动器试验前应进行10次强制动磨合,叉车在标准空载状态下运行,制动减速度为$3m/s^2$左右,每次间隔2min以上。

(2)测定叉车制动力。叉车呈标准空载和标准载荷状态,在叉车牵引钩与牵引拖车之间装置拉力传感器,停车制动器放松,将行车制动器踏板踩到底(脚踏力≤700N),牵引拖车慢慢地拉紧传感器并平稳地增大牵引力直至叉车开始滑动。测出开始滑动前的制动力。

(3)测制动距离。叉车呈标准空载运行状态前进,行驶车速为(20±2)km/h。叉车呈标准载荷运行状态前进,行驶车速为(10±1)km/h。试验开始,司机用行车制动器进行紧急制动(脚踏力≤700N),并脱开离合器,制动距离为开始踩下制动踏板的一瞬间,叉车位置至停车位置的距离。将实际制动距离和规定速度对应的允许制动距离比较,看是否超过规定值,不超过规定值的为合格。

(4)坡道停车制动试验。叉车分别呈标准空载和标准载荷状态,以≤300N的力拉紧驻车制动器,停在干燥、平坦、均匀的规定坡道上,停稳后观察5min。将叉车调转180℃以同样的方法再试验一次。试验中不允许有向下滑移的现象。

(二)叉车制动系统常见故障排除方法

1.制动系统液压作用失效及处理

(1)检查制动系统油路有无泄漏。若油管破裂,管接头不紧密,轮缸皮碗破损、过松及反边等都会使制动液泄漏,主缸活塞产生的压力就不能全部传到各轮缸中去,制动力随之下降,甚至没有制动力。应查明油路泄漏处及原因,处理完毕要进行放气,以排除拆开油路时进入的空气。

(2)检查制动油液是否太少。如果油路没泄露,可拆开主缸的加液塞检查储油室内的存油量。主缸储油室的液面一般应 >6mm。制动油液不足,主缸无法产生足够的制动力。因此,应该先加足制动油液。加油后进行放气,排除油路内的空气。一般来说,叉车在行驶途中突然制动失效,多是由于主缸、轮缸皮碗破损,而油路其他部分泄漏只是使制动液减少。

(3)检查主缸效率是否正常。如果制动失效不是属于以上两个原因,应该检查主缸的效率。例如,主缸皮碗破损或太松就无法产生液压或液压太低。如液阀损坏,踩下制动踏板时,由于液阀失去止回作用,压入轮缸的制动油液又很快流回主缸,使轮缸的压力难以保持,即使连续踩下制动踏板也不会增加液压。为了证实是否由于主缸本身的故障引起制动失效,在连续踩下制动踏板时,检查主缸储油室的液面是否是逐渐降低,如果液面保持不变或者下降很小,可判断不是储油室通到主缸的进油孔堵塞,就是皮碗或液阀损坏。若主缸经过长期使用磨损过度、沟槽过深或磨损成阶梯形时应立即更换,也可镗削后用加大活塞或镶套的方法进行修复。若磨损不大或因长期没有使用,仅是有锈污,可用细砂纸蘸润滑油对缸体内径进行研磨,但不宜过度研磨,以免影响活塞与缸壁的配合间隙。

2. 制动系统液压作用疲软及检修

如果叉车制动距离太长,即说明制动系统液压作用疲软。遇到这种现象时,除可能是制动液太少、制动器块与制动鼓的间隙太大,以及主缸活塞行程太短等外,极大的可能是油路内进入空气,以致在制动时空气被压缩,吸收了主缸产生的一部分压力,使制动力削弱。

如果是由于制动器块与制动鼓的间隙太大或主缸活塞行程太短,则当连续踩下制动踏板时,轮缸内的液压仍可增加;如果是空气进入油路,及时连续踩下制动踏板,轮缸内的液压也不会增加。此外,主缸储油室到主缸的进油孔堵塞,使储油室的制动液不能顺利地流到主缸,或主缸活塞周围的小孔堵塞,使活塞退回时制动液不能从活塞周围的小孔流经皮碗四周压入补充,也能使制动系统液压作用疲软。如果油路中进入空气,要将其排出。如果主缸储油室进孔或活塞周围的小孔堵塞,必须拆下主缸,用酒精擦洗进行疏通。

3. 制动拖咬与处理

制动拖咬是指当松开制动踏板后制动器块不能很快地与制动鼓脱开,以致制动器块与制动鼓加速磨损。

(1)两前轮都发生制动拖咬。这是由于主缸的故障所引起的。主缸出现故障时,各轮缸内的制动液不能顺利地流回主缸,制动器块张开后无法完全复位或者是不能很快复位,以致制动器块与制动鼓摩擦使车轮受阻。主缸有两种故障极易引起上述现象,一是主缸皮碗胀大,使活塞不能在主缸缸中往复移动,以致各轮缸内制动液流回时被皮碗阻挡;二是主缸回油孔堵塞或部分堵塞,以致各轮缸流回的制动液在主缸容纳不下时,无法从回油孔退回储油室。产生第一个故障的原因是皮碗或制动液质量不好。产生第二个故障的原因是总泵缸内积有脏物,或皮碗尺寸不适当,将回油孔遮挡。除主缸的故障外,踏板复位弹簧或主缸复位弹簧太软也可引起轻度制动拖咬。

(2)两轮之一发生制动拖咬。轮缸皮碗发胀、油管阻塞、制动器块复位弹簧太软,使制动块不能复位。两轮之一就可能会发生制动拖咬。个别车轮发生制动拖咬时,可先检查制动块与制动鼓的间隙。如果还不能消除这种拖咬时,就必须在拆卸车轮后,拆下轮缸进行检修。

4. 主缸推杆的调节

旋开主缸加油塞,用手压下行车制动器踏板,注意观察制动液的减少情况。然后松开踏板,使其复位,注意观察制动液是否从主缸上的回油孔冒出来,若无则用小扳手旋转推杆,调节主缸活塞行程,达到要求为止。

5. 制动系统油路空气的排除法

油路经过拆装或有密封不严之处时空气就会进入,并使制动效果降低,此时必须进行放气。做一个与轮缸放气螺钉尺寸一样但中心有孔贯通的螺钉,螺钉头上接一根橡皮软管,橡皮软管的另一端插入盛有水的玻璃杯中,这时踩下制动踏板进行放气。

在放气过程中,只需通过观察玻璃杯内有无气泡,即可知道油路内的空气是否放尽。待空气放尽后及时抬起制动踏板,减少制动液的外溢。

三、叉车驱动桥与转向系统常见故障检修

(一)驱动桥常见故障检修

1. 驱动桥的主要故障

(1)减速器齿轮与差速器齿轮啮合不良。引起啮合不良的原因可能是个别齿轮牙齿局部折断,也可能是磨损过度。如果磨损并不严重,则可通过调整啮合间隙来排除啮合不良的故障。

(2)各部分轴承磨损过度和失调。紧固螺栓/螺母松动,桥壳内齿轮油过少等故障都会导致叉车行驶时桥壳内产生异响及噪声。

(3)桥壳变形。车轮和半轴凸缘螺栓松动会使车轮偏摆或摇曳、车轮轮胎单边磨损、半轴折断或花键部分损坏。如果工艺处理不好,半轴会经常损坏。修理时要卸出半轴,只需将半轴凸缘和轮毂的连接螺栓拆下,就可以抽出半轴。

(4)密封圈失效,桥身内齿轮油进入行驶电动机内。

2. 驱动桥弧齿椎齿齿轮啮合不良的调整方法

驱动桥主动与被动弧齿锥齿齿轮牙齿间的间隙为0.13~0.31mm。通过大、小弧齿锥齿齿轮的轴向移动,即可调整弧齿锥齿齿轮牙齿间的间隙。

(1)被动弧齿锥齿齿轮轴向移动法。拧松减速器下边的保险螺母,再拧紧上边的保险螺母,则被动弧齿锥齿齿轮连同差速器往下移,增加了两弧齿锥齿齿轮牙齿间的间隙;反之,拧松上边的保险螺母,拧紧下边的保险螺母,则被动弧齿锥齿齿轮连同差速器往上移,减小了两弧齿锥齿齿轮牙齿间的间隙。调整完毕要用止动片将螺母固定在规定的位置上。

(2)主动弧齿锥齿齿轮轴向移动法。在圆锥滚柱轴承与主动弧齿锥齿齿轮之间装有调整垫片,减少垫片数可使主动弧齿锥齿齿轮向左移动,可增加两弧锥齿齿轮牙齿间的间隙;反之,增加垫片数即可减小间隙。调整完毕要检查齿轮的啮合情况,均匀地在被动弧齿锥齿齿轮的两个齿面上涂一薄层中等黏度的红丹粉,一手轻轻握住被动弧齿锥齿轮,一手来回转动主动弧齿锥齿齿轮,这时由齿面上的接触痕迹可以判明两弧齿锥齿齿轮的啮合情况是否正确。注意:垫片不允许与被动弧齿锥齿齿轮外周摩擦。

(二)转向器常见故障检修

转向器的常见故障有:转向摇臂失调、转向摇臂衬套磨损或间隙过小、滚轮和蜗杆磨损

或啮合过紧、蜗杆轴承磨损、各拉杆接头太紧或太松、转向器壳内和各拉杆接头缺乏润滑油等情况。

检修故障时,应首先检查和调整联动装置各拉杆接头,在依次调整各拉杆接头调整螺塞的同时应转动转向盘,观察接头上球销间隙的情况,并予以适当校紧。校紧后再检查转向器转向盘的自由转角。其次检查和调整滚轮与蜗杆的啮合情况,把直拉杆拆开,然后把转向盘自起点极限位置转到终点极限位置,数清转向盘转过的转数,再朝相反方向将转向盘自终点极限位置转回到上述转数的一半,即为滚轮和蜗杆的中间位置。在转向盘上做出此中间位置的记号,使转向盘稳定在此中间位置,向前后两个方向晃动转向摇臂,应该没有间隙或间隙≤0.2mm,否则应调整滚轮与蜗杆的啮合间隙。调整方法是松开转向摇臂轴,调整螺母并拆下侧盖上锁紧垫圈的固柱销,用内六角扳手旋紧摇臂轴的调整螺钉至转向盘不能转动为止,再退回约半圈,转动转向盘检查其啮合间隙是否合适,若不合适可继续调整(调整螺钉旋出即松,旋入即紧)。调整情况的检查方法是用一手握住转向摇臂轴,一手晃动转向盘来感觉有没有间隙,在转动转向盘时有极小的阻力,但能灵活转动、无卡滞现象即为合适。

四、叉车门架、货叉的故障检修

(一)内、外门架的检修

(1)内、外门架要求平直,在全长内直线度≤1mm,使用极限值为3mm。否则应修复。

(2)用磁力探伤、敲击法检查有无裂纹。如有,应修复。

(3)检查变形或扭曲。当弯曲变形在全长范围内超过1.5mm,横向宽度差超过1.5mm,内门架顶板弯曲变形超过2.0mm时,应矫正。当整体变形严重、导轨里口尺寸超过磨损限度时,应报废。

(4)内、外门架内侧面导轨每边磨损起台阶达2.0mm时,应更换导轨或修整后使用。

(二)门架、货叉的故障分析

1. 叉车门架抖动和门架自动前后倾

叉车门架抖动和门架自动前后倾的原因主要是:(1)门架支撑销轴与铜套间的间隙过大;(2)内、外门架滑动钢板间的间隙过大;(3)两起升链条松紧不一;(4)滑轮磨损过度;(5)门架变形;(6)升降油缸损坏;(7)倾斜油缸密封件损坏,多路阀内漏。

2. 货叉起升速度慢和不能起升

货叉起升速度过慢和不能起升的原因主要是:(1)油泵磨损或漏油;(2)分配器安全阀弹簧压力过低或钢珠与阀座磨损;(3)分配器起升阀筒与起升阀杆间隙过大;(4)起升油缸与活塞的间隙过大或油封老化、损坏;(5)管路或接头漏油。

3. 单向节流阀失灵,货叉不能提升

单向节流阀失灵,货叉不能起升的原因主要是:(1)油箱缺油;(2)油管接头堵塞或严重漏油;(3)油泵损坏;(4)阀弹簧折断或产生永久变形;(5)门架变形;(6)液压油路不畅。

4. 货叉提升后自动下滑

货叉提升后自动下滑的原因主要是:(1)油封老化或损坏;(2)起升油缸与活塞间的间隙过大;(3)液压分配器起升阀筒与起升阀杆间的间隙过大;(4)管路或接头漏油。

五、叉车货叉的检修

在叉车的使用中,常见货叉的危险段是在其垂直段下部靠近弯头处及货叉垂直段上端与上挂钩焊接处的垂直部分,都属于极易产生断裂的危险部位。尤其叉车司机往往违章操作、单独使用一边货叉前端起吊或尖挑地面货物,导致该货叉或叉尖弯曲变形,甚至(货物超载后)垂直段根部折断的恶果,将造成严重的经济损失。

按国家标准规定、货叉使用状况应每年检查一次;在恶劣工况条件下使用的叉车更需要频繁地进行检查,以查出任何缺陷或永久变形,采取有关技术措施,从而消除事故隐患。叉车货叉的检验应由专业技术人员进行,发现货叉产生了有碍安全使用的迹象,失效和明显变形等任何缺陷,必须停止使用,只有经过严格修复,并经测试、验收合格后方可使用。

货叉表面裂纹(尤其货叉根部、上钩、下钩及垂直段的连接处),一经发现,两叉尖之间的高度差,超过水平段长度的3%,货叉必须停止使用。使用中还必须保证定位销在原位处于良好的维护和正常的工况,若发现任何故障,货叉在进行良好的修复之前必须停止使用。应定期彻底检查货叉水平段和垂直段的磨损程度,尤其是货叉根部,若其厚度减少至原来的90%也应停止使用。货叉的上挂钩支承面以及上下挂钩的定位面的磨损、积压及其他局部变形,致使货叉和叉架之间的间隙增大,必须修复之后才可使用。

采用焊修时必须严格执行有关的焊接工艺,选择适当的焊接材料(焊条)及焊接方法,以保证货叉的焊接质量(提高货叉焊接后的弯曲程度),从而保证达到原厂要求的刚度和强度,预防使用中再次变形和磨损。货叉断损最好更换新件、不允许凑合使用。即使货叉焊修后,只有经过严格的技术标准检验,达到原厂规范要求之后,才能投入使用。

任务四 叉车维修操作注意事项

一、叉车故障的预防

(一)基本方法

(1)正确使用叉车,避免产生人为故障。在叉车使用、维护和维修过程中注意它的科学性和合理性,做到科学地使用叉车,合理地维护和维修叉车,以保证叉车处于良好的技术状态并延长各部机件的使用寿命,避免早期损坏和出现故障,这是至关重要的。实际调查情况证明,使用不当是导致叉车故障的主要原因。

(2)及时清除发现的故障隐患,避免因自然磨损、疲劳损伤、老化变质等原因造成的叉车故障。

(3)适时更换叉车零部件,可将故障隐患消灭在萌芽状况。适时换件,就是根据叉车各部机件的使用寿命和使用中的实际情况,采取措施,及时恰当地更换机件,以消除故障隐患,这是叉车部件寿命追踪预防法。

(4)加强叉车的日常维护工作,做好清洁、润滑、紧定、检查、调整和防腐工作,防患于未然。

(二)具体措施

常见的预防叉车故障的具体措施主要如下。

(1)建立各部件使用情况统计表。首先根据厂家规定建立零部件使用寿命明细表;然后每台车由司机自己建立零部件使用情况统计表,将各易损件开始使用的时间、叉车作业小时数等项目详细记载,同时与使用寿命表对比,有到极限作业时间的,可根据情况及时换件。它不但有利于预防叉车故障的发生,也能使司机对自己的叉车真正做到"了如指掌"。

(2)换件前,对旧件彻底检查。检查其磨损程度,内部损伤程度,并将其数据与标准数据对照,如磨损不重,可继续使用;如磨损严重,或有其他伤痕,应更换。

(三)叉车人为故障的主要原因

在日常修理和维护叉车工作中,稍有疏忽就有可能出现人为故障。人为故障一般都在维修车辆竣工试车、运行一段里程后发现,人为故障产生的主要原因一般有以下几点。

1. 维护不良

没有按规定更换、添加机油,清洗机油滤清器,缺油或使用变质润滑油,润滑条件恶化,加速磨损,没有按规定更换空气滤芯,使之脏污堵塞、进气量减少,发动机工作无力,大量尘土进入缸内,加速汽缸磨损,工作性能变坏等。

2. 违章操作或装配质量差

驾驶或维修人员思想疏忽,未严格按照操作规程,而采用一些错误的习惯做法,维修技术不熟练、工作疏忽,未严格按技术标准进行调整、装配,检查不细、装配不良、不符合规定的装配,必然会引起故障。

3. 零件质量不合格、更换或添加燃油、润滑油料品质不佳

叉车零件设计、制造上的缺陷或材质、加工精度、热处理工艺等,达不到设计要求;在修理中更换新件时,由于检验不严而误装上车,或明知有毛病而凑合使用,经短时间的运行后,毛病即暴露出来;叉车对于燃油、润滑油料的使用要求比较严格,误用或错用低劣油品,会导致有关部件的异常损坏。

4. 野蛮拆装、零件脏污及不良的修理习惯

叉车零件拆装时乱扔、乱摔、磕碰和裂损致伤,"带病"装车后均会出现故障。如活塞磕碰后(表面凸凹不平),使用中容易拉缸。零部件表面脏污,没有清洗干净,活塞环槽中的砂粒、积炭带入缸中,导致早期磨损。若用棉纱擦拭零件时,将纱头屑物落入机器内,随机器运转而堵塞油道,引起"烧瓦抱轴"。有些修理人员喜欢采用"宁紧勿松"的修理方法,认为紧些保险,其实不然。例如,活塞配缸间隙过紧,大修叉车运行后就很快引起拉缸;连杆螺母拧得过紧,容易引起"烧瓦抱轴";轮毂轴承装配过紧,滑行性能变差,叉车跑不起来而行驶费油。

5. 不按规定强制叉车维护

随着叉车作业时间的增加,各部零件都将产生磨损变形、松动和脏污。例如,要按规定里程清洗"三滤"(空气滤芯、汽油滤芯、机油滤芯),更换润滑油料。否则空气滤芯脏污堵塞后,进气量减少,大量尘土进入缸内,加速汽缸磨损、动力降低、燃耗增加;同时不定里程强制维护也会使故障率上升。

6. 零件漏装

驾驶或维修人员技艺不熟,工作粗心大意,使修理质量低劣。如果在维护叉车机油粗滤器时,不慎将其中托板和橡胶密封圈丢失漏装,这会导致机油滤清器工作失效。脏污未经滤

清就会直接进入机油道,要不了多长时间便暴露出问题,最后会突然出现机油道堵塞而发动机"咬死"(即烧瓦抱轴)的故障。若在维护时未严格执行维护工艺,如连杆弯曲变形,装配前本应该在连杆校整器上进行校正,但若忽略而装车,结果会因活塞偏缸,试车中便出现活塞敲击异响。

7. 违章使用叉车

新叉车或大修叉车在磨合期间,不执行磨合规定,不进行磨合养护,提前摘除限速片,提前带负荷使用,超载超速运行,必将引起磨合期活塞卡滞拉缸。超载行驶、空挡熄火滑行的操作方法,都将加剧缸套磨损和同步器(缺油)烧蚀。自行拆除节温器不利于缸套的正常磨损,乱拆、乱捅和乱换原厂总成件(如化油器等),均将带来很多不良症状,以致造成人为故障。

8. 修理工艺不良、检查不细

叉车维护如果不严格执行修理工艺,或检查不细,竣工后必定出现人为故障。例如,在装配曲轴、飞轮及离合器总成件时,其平衡性能被破坏,或因设备缺乏、检测手段不完备,从而未经校验就"免检"装车,必然致使发动机运转不稳,出现周期振动,影响发动机的使用性能。

9. 不按规定间隙装配或调整不当

叉车的装配并非所有部位都需用人的全部力量投入紧定,而应按照技术要求既要紧定,又要保证有一定的间隙。若正常配合关系被破坏必然会引起故障。例如,活塞与汽缸的相配间隙大于规定时,会发生窜气、窜油,功率下降,油耗增加;小于规定时,则会造成活塞拉缸、卡滞。气门间隙调整不当时,动力降低、油耗上升、机器严重异响。

10. 线路接错、零件错装

蓄电池负极搭铁,接错后会烧坏硅发电机二极管;调节器火线接柱与磁场接柱若互相接反,会使调节器触点烧蚀,发动机曲轴止推片装反,曲轴容易轴向移动,致使缸体轴承端面部位严重磨损、擦伤,甚至报废。

人为故障一般原因复杂、涉及面广,在心中无数的情况下,不要盲目拆卸,否则会使问题更趋复杂,甚至损坏机件。人为故障应以预防为主,除合理使用车辆之外,在汽车的维护中必须做到:一清洁、二调整、三防松;不错装、不漏装、防磕碰、防摔伤;不合格的零件不装车,不合格的油料不使用。严格操作规程,执行修理工艺,不断提高维修质量,尽可能减少人为故障。

(四)叉车的人为故障实例

人为故障往往是由于驾驶或维修人员疏忽而引起的,一般难以察觉,留下了不安全的隐患。人为故障大都出现得比较突然,故障既无任何迹象,也无规律性。因此,排除的难度要大一些,但它也会有内在和外表的特征及现象,如对故障现象进行科学的分析,就不难找出其病根。以下举出6个人为故障的实例。

1. 垫片落入进气管,导致活塞报废

一辆叉车在维护化油器时,不注意将一只弹簧垫片掉进了进气管,便把化油器装好后出车。行驶一段时间后,听到汽缸内有金属撞击声。打开汽缸盖,发现是弹簧垫片在汽缸内撞击,已把活塞撞得坑坑洼洼。只好更换活塞,造成了不应有的经济损失。

2. 水堵松动,致使油底壳进水

一辆叉车发现油底壳进水。拆下汽缸盖检查,汽缸垫完好,装复后加油、加水试车,油底壳还是有水。之后,不盖气门室罩盖起动发动机,原来是防冻水堵未装紧而松动漏水,更换后故障排除。

3. 齿轮碰伤后引起的发动机异响

某叉车发动机大修后起动时,发现其前部有周期性的响声。拆下正时齿轮室盖仔细检查,是曲轴正时齿轮上有一处凸起,顶着凸轮轴上的正时齿轮。究其原因,原来是该齿轮在修理中不小心被工具碰伤所致。

4. 违章作业,人为引起排气管淌润滑油

一辆叉车发动机大修后,试车时发现排气管淌润滑油,尾部冒黑烟。打开气门室罩盖发现气门导管上的密封圈损坏。原来是其质量差,安装不妥所致。更换合格的密封圈后,发动机工作正常,故障消失。

5. 听到异响不警觉,继续驾车曲轴报废

一辆叉车使用中,发现曲轴部位有异响,司机毫不警觉,又行驶了一段时间,响声更加严重才不得已将车报修。当拆下油底壳后,发现有许多金属屑,经检查是第 4 缸连杆松旷。拆下连杆盖,发现连杆轴承严重磨损。用外径千分尺测量曲轴,竟磨掉 1mm,曲轴报废,连杆大端承孔严重变形。

6. 连杆螺栓拧得太紧,导致发动机报废

一辆柴油叉车,在作业中突然听到一声巨响,发动机随即熄火。下车查看,连杆伸出缸体外,把喷油泵壳体也碰坏了,导致发动机报废。原因是在检修发动机拧紧连杆螺栓时用力过大,使之疲劳损坏。

二、叉车维修时的安全注意事项

(一)防止静止车辆纵向滚动

(1)在检修和维修叉车时应防止车辆的纵向滚动,应将发动机熄火,拉紧驻车制动,车轮掩牢,防止车轮滚动。

(2)当手摇起动发动机时,一定要拉紧驻车制动,确认变速器在空挡,以防发动机突然起动,滚动伤人。

(二)提高车辆支架的稳定性

(1)驾车地点应平坦坚实可靠。

(2)使用的驾车工具要适宜,禁止用小吨位千斤顶来顶架大吨位的车辆,顶的部位要平稳、坚固、可靠。

(3)需单桥或单轮支起时,应先把不支桥的车轮用三角木双向掩好;需全车支起时,应先支起一个桥后再支另一个桥。

(4)用吊车帮助支车时,在未垫稳前,不得进行车下作业。

(5)支车托架的跨度、高度、强度和抗弯性要适宜。

(6)车辆支起后,在确认没有倾覆危险的情况下方可进行作业。

(三)加强维修人员的安全性

(1)在吊装发动机、变速器、车身等大的零部件时,起吊前应选择符合国家标准的钢丝绳捆绑牢固,防止滑脱,不能用叉车代替起重机。

(2)两人以上拆装零部件时,抬放要统一,互相照顾,防止碰伤挤伤。

(3)车下修理作业时,不得横卧于车轮的前后,人体的头部、胸部要避开车辆的最低点,防止车辆移动碰伤。

(4)车辆修理后,应检查车下是否有人,确认无人后方可起步。

(5)维修中使用砂轮机、台钻等机械设备时必须遵守操作规程。

(四)预防维修现场火灾事故

(1)维修现场严禁吸烟或使用其他明火,更不得用打火机、火柴等照明燃油箱或燃油泄漏部位。

(2)加燃油时,司机不要在车上,并使发动机熄火,在检查蓄电池或油箱液位时,不要点火。

(3)严禁用汽油等易燃品擦拭车辆或清洗零件。

(4)不能在车辆燃油箱直接进行电气焊,焊接离油箱较近部位时,应先将油箱内的易燃品清理干净,还必须有人持灭火器进行监视;焊接其他部位时应视实际情况采取措施后进行焊接。

(5)检修与调试发动机时,严禁用嘴直接吸取汽油和吹通油路。

(6)修理中对发动机进行台架试验时,要安装排气管,汽油箱和蓄电池应保持一定距离。

(7)汽油机如遇发动机起动困难或油路故障,严禁采用汽油不经汽油泵而直接注入化油器的做法。

(8)叉车修理完必须清理现场,不准在现场焚烧废弃物。

本项目小结

本项目介绍了叉车故障的分析方法与故障诊断的基本原则;总结了叉车故障的外部症状和参数特征;讲解了叉车常见故障的诊断与排除,包括传动系统与制动器、驱动桥与转向系统、门架、货叉常见故障检修,详细分析了叉车维修操作时注意事项,以及叉车故障的预防措施。

关键术语

故障分析　　人为故障　　自然故障　　故障诊断

复习与思考

1. 简述故障分析方法有哪些?
2. 怎样识别叉车故障的外部症状?
3. 叉车故障的预防措施有哪些?
4. 简述叉车维修时的安全注意事项。

实践训练项目

叉车故障检测与维修是一项专业化程度较高的工作。深入物流企业调研,访谈相关工作人员,就叉车常见故障的诊断特征和过程、排除措施和效果、原因分析和预防等方面,进行记录和观察,写出叉车故障调研报告。

附　　录

附录一　叉车品牌标志

（排名不分先后）

林德叉车(中国)(LINDE)

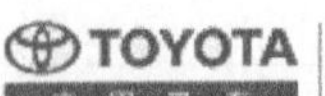

上海丰田叉车(TOYTA)

HELI

安徽合力叉车(HELI)

杭叉股份(HANGZHOU)

上海永恒力叉车(Jungheinrich)

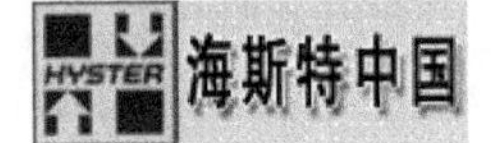

上海海斯特叉车(HYSTER)

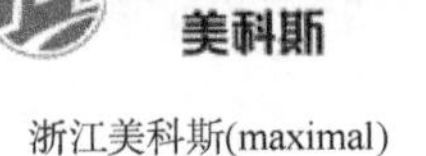

浙江美科斯(maximal)

斗山(烟台)(DOOSAN)

安徽TCM

广西柳工

杭州浙力叉车

KOMATSU

上海小松叉车(KOMATSU)

三菱叉车(MITSUBISHI)

江淮重工叉车(JAC)

靖江宝骊叉车(BAOLI)

北京现代叉车(HYUNDAI)

上海龙工(Longgong)

浙江诺力叉车(NOBLIFT)

大连叉车(DALIAN)

杭州友嘉叉车(FEELER)

NICHIYU

力至优叉车(天津)

青岛台励福叉车(TAILIFT)

浙江佳力叉车(JIALI)

靖江叉车(JJCC)

浙江吉鑫祥

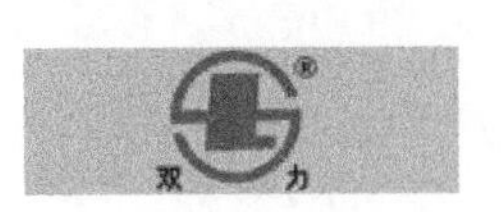

宝鸡双力叉车(SHUANGLI)

欧模(OM)叉车

锦州万力叉车

桂林玉柴叉车(YUCHAI)

ONEN

泰州欧能叉车(ONEN)

YTO

洛阳一拖叉车(DONGFANGHONG)

厦工厦门叉车(XIAMEN)

安徽合叉(HECHA)

上海鸥琵凯叉车(OPK)

无锡开普

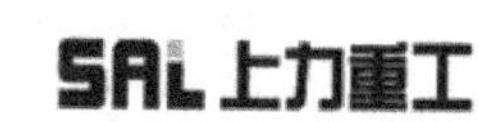

上力重工叉车(SAI)

西班牙AUSA

湖南湘普叉车(XIANGPU)

虎力机械(HU-LIFT)

无锡大隆叉车(MEISHI)

厦门嘉丰

上海挪克叉车(NOKO)

宁波如意叉车(XILIN)

泰德重工

HECHA

中国·合叉

浙江金华

湖南奔腾防爆叉车(bontruck)

兴华机械

南海海之力叉车(HAIZHILI)

湖南山河智能

附录二　叉车操作技能训练项目

训练一　叉车基本操作技能训练

训练要求：

掌握加速踏板和离合器的配合、直线行驶、控制车速等叉车驾驶基本技能，动作规范、起动顺利、起步平稳，并能准确平稳地制动停车。

训练内容：

1. 叉车发动机的起动、升温和熄火。
2. 叉车的起步，定点停车的安全操作及紧急制动的动作规范。
3. 叉车直线前进、倒退及加速踏板控制车速。

训练二　平路坡道的换挡操作训练

训练要求：

掌握各种路面、各种负荷下换挡的正确方法，能准确掌握换挡时机，平顺地进行加、减挡操作。

训练内容：

1. 两脚离合器法，平路加、减挡。
2. 上坡加、减挡。
3. 下坡加、减挡。

训练三　转向盘操作及转向训练

训练要求：

掌握叉车转向安全操作方法，准确判断叉车转向各方轮胎及车身、车架轮廓各部位的运行轨迹。

训练内容：

1. 支起转向桥，双手及单手转动转向盘。
2. "∞"字形路线驾驶。
3. 折线道路驾驶。
4. 移库。

训练四　低位、高位举升训练

训练要求：

掌握叉载重物进行拆垛的安全驾驶技术。

训练内容：

1. 空载及有载情况下，安全、准备举升及落下货箱。
2. 快速对正货位，安全、准确叠放及取下货箱。
3. 移库及叠放货箱组合。

附录三　叉车司机国家职业标准

1. 职业概况

1.1　职业名称

叉车司机

1.2　职业定义

操纵叉车进行装车、卸车、搬运等作业，并对叉车进行维护的人员。

1.3　职业等级

本职业共设四个等级，分别为：初级（国家职业资格五级）、中级（国家职业资格四级）、高级（国家职业资格三级）、技师（国家职业资格二级）。

1.4　职业环境

室内外，常温。

1.5　职业能力特征

有获取、领会和理解外界信息以及对事物进行分析和判断的能力；心理及身体素质较好；手指、手臂灵活，动作协调好；听力及辨色力正常，双眼矫正视力不低于5.0；无职业禁忌证。

1.6　基本文化程度

初中毕业。

1.7 培训要求

1.7.1 培训期限

全日制职业学校教育,根据其培养目标和教学计划确定。晋级培训期限根据《铁路特有职业(工种)培训规范》确定。

1.7.2 培训教师

培训初级、中级、高级的教师应具有本职业技师职业资格证书或相关专业中级以上专业技术职务任职资格;培训技师的教师应具有本职业技师职业资格证书满1年或相关专业高级专业技术职务任职资格。

1.7.3 培训场地设备

满足教学需要的标准教室、技能培训基地、演练场或作业现场,有必要的设备、工具、量具、仪表等。

1.8 鉴定要求

1.8.1 适用对象

从事或准备从事本职业的人员。

1.8.2 申报条件

——初级(具备以下条件之一者)

(1)经本职业正规专业培训,并取得结业证书。

(2)本职业学徒期满。

——中级(具备以下条件之一者)

(1)取得经劳动保障行政部门审核认定的,以中级(四级)技能为培养目标的中等及以上职业学校本职业(专业)毕业证书。

(2)取得本职业初级(五级)职业资格证书后,连续从事本职业工作4年以上。

——高级(具备以下条件之一者)

(1)取得高级技工学校或经劳动保障行政部门审核认定的,以高级(三级)技能为培养目标的高等及以上职业学校本职业(专业)毕业证书。

(2)取得本职业中级(四级)职业资格证书后,连续从事本职业工作5年及以上。

——技师(具备以下条件者)

取得本职业高级(三级)职业资格证书后,连续从事本职业工作2年及以上。

1.8.3 鉴定方式

分为理论知识考试和技能操作考核。理论知识考试采用闭卷笔试方式,技能操作考核采用实际操作方式。理论知识考试和技能操作考核均实行百分制,成绩皆达60分及以上者为合格。技师还须进行综合评审。

1.8.4 考评人员与考生配比

理论知识考试考评人员与考生为1∶15,每个标准教室不少于2名考评人员。技能操作考核考评员与考生配比为1∶5,且不少于3名考评员。综合评审委员不少于5人。

1.8.5 鉴定时间

理论知识考试时间不少于120 min,技能操作考核时间不少于60min,综合评审时间不少于45min。

1.8.6 鉴定场所设备

理论知识考试在标准教室进行。技能操作考核在职业技能鉴定基地、演练场或作业现场进行,场地条件及工具、量具、仪器等应满足实际操作需要,可酌情配设辅助操作人员。

2. 基本要求

2.1 职业道德

2.1.1 职业道德基本知识

2.1.2 职业守则

(1)遵守法律、法规和有关规章制度,服从统一指挥。

(2)严格执行工作程序、工作规范、工作标准和安全操作规程。

(3)工作认真负责,具有高度责任感和良好的团队合作精神。

(4)认真维护设备、机具,履行交接手续,做好运行记录。

(5)维护路风路誉,保持工作环境清洁有序,做到文明装卸,保证人身、货物和设备的安全。

(6)刻苦学习,钻研业务,努力提高技术文化素质。

2.2 基础知识

2.2.1 基本知识

(1)力学基本知识。

(2)数学基本知识。

(3)常用法定计量单位知识。

(4)钳工基本知识。

(5)电工基本知识。

(6)机械常识、机械制图基本知识。

(7)安全作业知识及有关规定。

(8)液压基本知识。

(9)液力基本知识。

(10)铁路运输货物包装标志知识。

2.2.2 设备、工具的使用与维护知识

(1)叉车的使用和维护基本知识。

(2)工具、小型机具的使用和维护基本知识。

2.2.3 相关法律、法规和规章知识

(1)《中华人民共和国劳动法》相关知识。

(2)《中华人民共和国安全生产法》相关知识。

(3)《中华人民共和国铁路法》相关知识。

(4)《中华人民共和国交通安全法》相关知识。

(5)《中华人民共和国道路交通管理条例》有关规定。

(6)《特种设备安全监察条例》有关规定。

(7)《特种设备质量监督与安全监察规定》有关规定。

(8)《铁路运输安全保护条例》有关规定。
(9)《铁路技术管理规程》有关规定。
(10)《铁路货物装载加固规则》有关规定。
(11)《铁路装卸作业安全技术管理规则》有关规定。
(12)《铁路运输装卸机械管理规则》有关规定。
(13)《铁路装卸机械检修技术规范》有关规定。
(14)《铁路货物运输规程》有关规定。
(15)《铁路装卸作业标准》有关规定。
(16)《铁路运输货物堆码标准》有关规定。
(17)《铁路装卸名词术语》有关规定。

3. 工作要求

本标准对初级、中级、高级和技师的技能要求依次递进,高级别涵盖低级别的要求。

3.1　初级

职业功能	工作内容	技能要求	相关知识
操纵叉车	出车	1. 能对电动叉车按程序进行试车检查 2. 能对内燃叉车按程序进行试车检查 3. 能根据不同货物准备属具和托盘 4. 能履行叉车交接班手续,做好叉车使用记录,带齐随车工具及安全绳 5. 能根据作业车辆与站台位置搭设渡板	1. 叉车(内燃、电动)的技术参数、性能、用途、基本构造和工作原理 2. 叉车日常检查和维护要求 3. 叉车用润滑油(脂)、燃油种类、性能用途及使用要求 4. 蓄电池使用要求及维护知识 5. 内燃机冷车、常温、热车起动程序和方法 6. 仪表的工作原理和判断方法 7. 叉车交接班制度 8. 叉车安全相关知识 9. 叉车渡板的规格质量、属具、托盘的种类及使用要求 10. 内燃机空气滤清器清洁方法
	货物装卸搬运	1. 能判断一般货件的重量、重心位置 2. 能驾驶叉车进出库门、车门 3. 能对位,水平平稳进叉、抽叉、起叉、落叉 4. 能平衡提叉和鸣笛倒车 5. 能平衡起车和载货行车,下坡和载货影响视线时倒向行驶 6. 能按规定进行货物的堆码,车辆开、关车门及附属作业	1. 一般货件重心位置判断方法 2. 叉车作业程序标准 3. 叉车安全操作要求 4. 一般货件的叉取方法和“五不叉”要求 5. 装卸车及附属作业规定
	停车	能按规定对叉车进行临时停车和库房停车	1. 叉车的停放方法和要求 2. 车库防火安全知识

续上表

职业功能	工作内容	技能要求	相关知识
叉车维护及故障处理	使用与维护	1. 能按规定对叉车进行日常维护 2. 能按规定对叉车进行季节性维护 3. 能对叉车作业中发生异响、异味等异常现象停车检查、处理 4. 能对叉车进行全面擦拭、检查、排除故障(不能排除的予以报修)	1. 叉车的熄火方法和要求 2. 叉车日常维护内容要求 3. 季节性维护内容和技术要求 4. 作业中发生异响、异味等异常现象的原因及处理方法
	故障处理	1. 能处理连接松动、脱落等机械故障 2. 能更换熔断器、照明灯泡等常用电气元件 3. 能处理导线接头松动、脱落等电气故障 4. 能处理一般的跑、冒、滴、漏等液压故障	1. 故障查找判断和排除的方法 2. 电气元件基本知识 3. 安全用电知识
非正常情况处理及安全防护	非正常情况处理	1. 能使用灭火器灭火 2. 能在发生事故后,按有关规定进行处理,并担当救援工作	1. 灭火器的使用方法 2. 事故处理措施和汇报程序 3. 事故救援的基本方法和要求
	安全防护	1. 能按规定安设和撤除防护信号(牌) 2. 能进行叉车的防寒、防火处理 3. 能对叉车作业车辆实施安全防护 4. 能对危险品、尖端贵重物品、易碎品进行安全防护	1. 安设和撤除安全防护信号(牌)的有关规定 2. 叉车防寒、防火的内容和要求 3. 对叉车作业车辆实施安全防护措施的规定 4. 对危险品、尖端贵重物品、易碎品进行安全防护的措施

3.2 中级

职业功能	工作内容	技能要求	相关知识
操纵叉车	出车	1. 能调整门架导轮、叉架导轮、侧向导轮、链条 2. 能调整离合器踏板和制动器踏板自由行程 3. 能检查液压系统,更换管接头损坏的密封件 4 能检查电动叉车制动联锁装置 5. 能检查电动机换向器,更换磨损碳刷和失效弹簧 6. 能操纵内燃及电动叉车	1. 导轮间隙和链条调整方法 2. 离合器踏板和制动器踏板自由行程的调整方法 3. 密封件的规格、更换标准和方法 4. 电动叉车制动联锁装置基本结构 5. 电动机换向器基本结构;碳刷和弹簧规格、更换标准和方法
	货物装卸搬运	1. 能判断长大、笨重货物的重量、重心位置 2. 能使用各种属具、索具进行长大、笨重货物的装卸、搬运及堆码作业 3. 能驾驶叉车在厂外进行装卸、搬运及堆码作业 4. 能驾驶特种叉车进行规定危险品装卸作业	1. 长大、笨重货物的重心位置的判断方法 2. 长大、笨重货物的装卸方法 3. 道路交通安全知识 4. 特种叉车操纵和危险品装卸安全知识

续上表

职业功能	工作内容	技能要求	相关知识
叉车维护及故障处理	使用与维护	1. 能按规定对叉车进行一级维护 2. 能使用电工常用工具、仪器、仪表进行维护 3. 能使用钳工常用设备、主要工具、量具进行维护 4. 能使用和维护处于磨合期的新车和大修车	1. 叉车一级维护内容和技术要求 2. 电工常用工具、仪器、仪表的使用方法和安全操作注意事项 3. 钳工常用设备、主要工具、量具的使用方法和安全操作注意事项 4. 新车和大修车磨合期的使用要求
	故障处理	1. 能判断排除机械配合不良、发热、噪声等机械故障 2. 能判断排除无电、线圈不吸、烧坏保险、灯光不亮、喇叭不响等电气故障 3. 能判断排除油压不足、门架自行下降、前倾、噪声等液压故障	1. 识读电路图、机械图、液压图基本知识 2. 主要电气元件、液压元件的图形符号及工作原理 3. 常见机械故障产生的原因、查找判断和排除方法 4. 常见电气故障产生的原因、查找判断和排除方法 5. 常见液压故障产生的原因、查找判断和排除方法
非正常情况处理及安全防护	非正常情况处理	1. 能对叉车运行中转向失灵、制动失灵等突发失控情况进行处理 2. 能对柴油机“飞车”故障进行紧急处理 3. 能对破损蓄电池漏流的电解液进行处理	1. 叉车紧急停车的安全操作方法 2. 柴油机“飞车”故障产生的原因和处理方法 3. 硫酸处理的基本方法
	安全防护	能对长大、笨重货物的装卸、搬运作业进行安全防护	长大、笨重货物的装卸、搬运作业安全防护措施

3.3 高级

职业功能	工作内容	技能要求	相关知识
操纵叉车	出车	1. 能检查发动机油路、电路，并调整其工作状态 2. 能通过车体和试车检查，判断叉车各装置的工作状况并进行调整 3. 能用转向盘游隙检查器调整转向盘自由行程 4. 能在特殊和复杂的环境下驾驶叉车	1. 发动机油路、电路工作状态调整方法 2. 叉车各总成及重要零部件的构造特点、工作原理和技术要求 3. 转向盘自由行程的调整方法
	货物装卸搬运	1. 能确定形状不规则、重心偏移等货物的重心位置 2. 能对形状不规则、重心偏移等货物进行装卸、搬运作业 3. 能在雨、雪等恶劣气候下进行装卸作业	1. 货物的重心位置的计算方法 2. 货物的装卸方法

续上表

职业功能	工作内容	技能要求	相关知识
叉车维护及故障处理	叉车维护和修理	能进行二级维护	1. 二级维护基本内容、技术要求 2. 易损件磨耗限度及报废标准
	故障处理	1. 能绘制叉车机械传动、液力传动示意图、电气原理图和液压系统图 2. 能判断和处理叉车机械、电气、液压系统故障	1. 叉车机械传动示意图、液力传动示意图、电气原理图和液压系统图等知识 2. 叉车机械、电气、液压故障产生原因、判断查找和排除方法
非正常情况处理及安全防护	非正常情况处理	能对叉车在运行中突发事件进行处理和组织施救	运行过程中突发事件的处理方法
	安全防护	能对形状不规则、重心偏移的货物装卸作业实施安全防护	货物装卸作业安全防护措施

3.4 技师

职业功能	工作内容	技能要求	相关知识
操纵叉车	新车验收	1. 能进行外观和外部尺寸检查 2. 能对发动机、转向、灯光、负重升降进行性能试验 3. 能检查验收随机文件和工具	1. 新车验收检验项目 2. 负重性能试验方法 3. 转向性能试验方法 4. 行驶性能试验方法 5. 整机密封性能检查内容和试验方法
	大/中修验收	1. 能进行外观检查 2. 能进行工作装置、走行和制动性能检查 3. 能进行空载长途行驶、连续装卸作业和静、动载荷实验 4. 能对发动机的动力性能、液压系统、怠速运转、安全装置、各部润滑进行验收确认	1. 大、中修验收检验项目 2. 工作装置、走行和制动性能检查内容和方法 3. 空载长途行驶、连续装卸作业、静载和动载试验方法 4. 内燃机、叉车技术检修规范
叉车维护及故障处理	大修	1. 能拆装全车各总成,修配零部件 2. 能绘制零件图,能识读总成装配图和电器配线图	1. 叉车大、中修的技术标准 2. 拆装全车各总成的知识 3. 机械加工、维修知识 4. 零部件修理知识
	故障处理	1. 能处理内燃叉车、电动叉车的疑难故障 2. 能解决生产中出现的技术难题	1. 叉车使用、检修、故障处理知识 2. 叉车工艺标准

续上表

职业功能	工作内容	技能要求	相关知识
技术管理	制定技术措施	1. 能进行叉车负载后整机稳定性的计算 2. 能制定货物的装卸、搬运工艺 3. 能发现叉车作业中的不安全因素，提出安全生产有效措施的改进意见 4. 能对惯性故障及隐患提出改进意见 5. 能制定叉车故障应急处理方法 6. 能根据货物的形状、性质、包装、重量、对现有属具进行改进 7. 能根据铁路有关规定，制定相关技术措施 8. 能填写设备履历簿	1. 叉车整机稳定性内容和计算方法 2. 复杂货物装卸、搬运工艺的内容和制定方法 3. 铁路车辆的相关知识 4. 叉车司机作业程序、标准、制度和管理要求 5. 叉车主要部件的工作原理及使用要求，叉车中、小修主要部件工艺标准 6. 叉车常见故障的处理方法 7. 叉车专用属具的种类和使用范围 8. 有关安全生产的制度、措施
	装卸质量管理	1. 能按 ISO 9000 要求指导叉车作业，并对叉车作业质量进行检查评定 2. 能提出叉车维修质量改进措施	ISO 9000 质量管理基础知识
	撰写技术总结	能结合工作实际撰写技术总结	技术总结的内容和写作方法
培训指导	技术培训	1. 能对高级及以下的叉车司机进行技术培训 2. 能编写培训讲义	1. 培训教学的基本方法 2. 培训讲义的编制方法
	专业指导	1. 能对高级及以下的叉车司机进行技术指导 2. 能在作业中应用、推广新技术、新设备、新标准	有关叉车的新技术、新设备、新标准

4. 比重表

4.1　理论知识

项　目		初级(%)	中级(%)	高级(%)	技师(%)
基本要求	职业道德	5	5	5	5
	基础知识	20	15	10	10
相关知识	操纵叉车	50	40	30	20
	叉车维护与故障处理	10	20	30	25
	非正常情况处理及安全防护	15	20	25	20
	技术管理	—	—	—	10
	培训指导	—	—	—	10
合计		100	100	100	100

4.2 技能操作

项　　目		初级(%)	中级(%)	高级(%)	技师(%)
技能要求	操纵叉车	60	50	40	25
	叉车维护与故障处理	20	30	40	40
	非正常情况处理及安全防护	20	20	20	15
	技术管理	—	—	—	10
	培训指导	—	—	—	10
合计		100	100	100	100

注：技师“非正常情况处理及安全防护”模块内容按高级工要求考核。

参考文献

[1] 马庆丰. 叉车维修图解手册[M]. 南京:江苏科学技术出版社,2009.

[2] 陈金潮. 叉车技术与应用[M]. 南京:南京东南大学出版社,2008.

[3] 李宏. 叉车操作工培训教程[M]. 北京:化学工业出版社,2009.

[4] 李庭斌. 叉车工技能[M]. 北京:中国劳动社会保障出版社,2008.

[5] 马建民. 叉车使用维修一书通[M]. 广州:广东科技出版社,2008.

[6] 燕来荣,陆刚. 企业叉车驾驶与维修安全技术[M]. 北京:中国劳动社会保障出版社,2006.

[7] 周银龙. 物流装备[M]. 北京:人民交通出版社,2005.

[8] 张建伟. 物流运输业务管理模板与岗位操作流程[M]. 北京:中国经济出版社,2005.

[9] 蒋祖星,孟初阳. 物流设施与设备[M]. 北京:机械工业出版社,2011.

[10] 魏国辰. 物流机械设备的运用与管理[M]. 北京:中国物资出版社,2007.

[11] 张玉峰,刘怀忠. 厂内机动车辆司机培训[M]. 北京:中国石化出版社,2009.